超銷魂！
超Juicy！

世界上最好吃的

雞料理

U0063629

Chicken cooking

前言

　　這次我要將我數量龐大的各式肉料理食譜整理在這本書內。這是我長年以來的夢想，也是我一直以來的心願。即便到現在，我仍因感動而全身戰慄。

　　身為雞肉燒烤店的兒子，我幼年的記憶——就是父親在料理台上彎著腰，處理雞肉、切塊並串成串的身影：完美陳列在食材箱裡的雞肝、雞心、雞胗、雞皮、雞翅……；捏出肉丸子的手指；認真調整各部位不同燒烤程度的側臉，還有巧妙搭配的各種醬汁、鹽味調味。

　　父親是個沉默寡言的人，他用背影教導了雞肉料理的極致奧妙，就如同生在忍者家的孩子，從小就會受到忍者式的教育，我也在不知不覺之間，被父親養育成一個雞肉料理狂人！

　　如今我已成為一個獨當一面的廚師，也靠著自己創造出許多雞肉料理方法，但這些料理的根基都源自父親所教導的雞肉料理。已在天國的父親，居然一直以他的食譜深深影響著我，真是令人敬畏的父親。

　　《世界上最好吃的雞料理》——不僅是一本食譜，也是橫跨兩代的精采料理。而對於所有喜愛雞肉料理的朋友，這本書若能夠成為你們心中的料理聖經，這將是我無上的光榮。

2017秋　聽著鳥之詩

贊否兩論　笠原將弘

目錄

第 3 章
雞翅 78

我的雞翅
切割處理方法 80

《煎烤》

《燉煮》

《油炸》

《水煮、醃漬》

第4章 雞絞肉 158

本食譜使用說明：

・ 1大匙＝15ml，1小匙＝5ml，1杯＝
  200ml，米1杯＝180ml。

・ 鹽指的是天然鹽，砂糖用上白糖，味醂使用
  純味醂，酒用的是日本酒。

・ 若沒有特別說明火量大小，表示使用「中
  火」。

・ 若沒有特別說明處理方式，蔬菜都是去皮、
  去籽和內膜後使用。

・ 用水化開的太白粉若沒有特別註記，一般是
  以太白粉加入等量的水化開後使用。

・ 材料表內使用的油，若沒有特別說明，都是
  用沙拉油。

・ 烤箱會因為熱源種類或製造商、機種的不同
  而有不同的加熱時間。請觀察實際狀況後自
  行調整。

第
1
章

雞胸肉

雞胸肉又乾又柴……
在此我要介紹各種以雞胸肉為主角
的料理，讓大家一掃對雞胸肉這種
既有的印象。
大家會驚訝說，光是雞胸肉就能夠
有這麼多種料理方法！
同時，還要教導各位如何使雞胸肉
柔軟多汁的料理方式與訣竅。

「笠原流」讓雞胸肉變美味的法則：

1　盡量切薄，薄片一般的厚度最為合適。

2　避免水分過度揮發，在短時間內快速料理完畢。

3　抹上太白粉等粉類，製造出一層麵衣，讓表面酥脆的同時，內
　　部也有柔嫩多汁的口感。

這麼便宜又美味的食材，若不善加利用就太浪費了！然而，容易出水的雞胸
肉，一旦過度加熱，自然變得又乾又柴，因此將肉切成薄片並快速加熱是非常
重要的；還可以裹上太白粉、或用春捲皮將肉包起來等方法，讓外皮變得酥脆
的同時，雞肉口感也相對變得柔嫩多汁，這些是讓雞肉更顯可口的訣竅之一。

雞胸肉 天婦羅 《炸》

將肉切成薄片，
如此一來就能快速加熱，
也是做出超乎想像柔嫩料理的關鍵。
而天婦羅就是其中的代表性料理。
炸得脆脆的麵衣，
更能襯托出雞胸肉的嫩滑口感。

材料（2～3人份）
雞胸肉……1片（約200g）
青辣椒……4根
低筋麵粉……適量
A
　打散的蛋液……1/2顆份
　低筋麵粉……50g
　水……5大匙
沾醬
　高湯……8大匙
　醬油……1+1/3大匙
　味醂……1+1/3大匙
　油……適量
　白蘿蔔泥……2大匙
　薑泥……1/2小匙
　鹽……適量

1

一手壓住雞肉，一首剝去雞皮（剝下的雞皮用保鮮膜包起來，放入冷凍，煮飯或煮白蘿蔔等東西時，可以加雞皮一起煮出鮮味）。雞肉的部分為了能夠快速均勻受熱，切成1cm厚度。

2

在做法1的雞肉上均勻抹上低筋麵粉。將**A**均勻混合。首先將蛋液加水混合後，再加低筋麵粉快速攪拌均勻（攪拌至稍微有一點粉塊殘留即可）。把沾醬的材料放入鍋中加熱，滾開後立即關火，放置冷卻。

3

將雞肉裹上做法2的麵衣，在攪拌碗旁撇去多餘的麵衣。放入170°C的油中炸2～3分鐘。

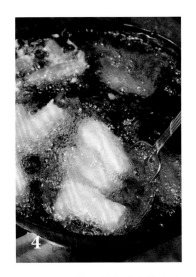

4

由於水分很快會從雞肉中散發出來，因此要用油炸網將雞肉從油中半撈起來，稍微接觸空氣。青辣椒去蒂頭，切開一個開口後，和雞肉一樣裹上麵衣放入油炸。

5

將成品盛盤，在白蘿蔔泥上面放入薑泥，再搭配做法2的沾醬、鹽、依個人喜好切成不同造型的檸檬即可。

胸肉礒邊炸雞

胸肉梅子紫蘇天婦羅

第1章　雞胸肉《炸》

1
2

胸肉磯邊炸雞

材料（2～3人份）
雞胸肉……1片（約200g）
A
海苔……1大匙
低筋麵粉……50g
水……4大匙
芝麻油……1小匙
油……適量
薑泥……1/2片份
醬油……少許

做法
1　雞肉去皮，切成約1cm厚。
2　將**A**放入攪拌碗中，用手徹底混合均勻。
3　放入170°C的熱油中炸2～3分鐘，待外皮變得酥脆、呈金褐色即可。
4　盛盤，在雞肉上加入薑泥，滴些醬油。
　＊在麵衣裡加入芝麻油，可以使麵衣更加酥脆。

胸肉梅子紫蘇天婦羅

材料（2～3人份）
雞胸肉……1片（約200g）
青紫蘇葉……10片
香菇……2片
梅乾……2顆
砂糖……1/2小匙
醬油……1/2小匙
低筋麵粉……適量
油……適量
A
打散的蛋液……1/2顆份
低筋麵粉……50g
水……5大匙

做法
1　青紫蘇葉去梗，香菇去梗後對半切開。梅乾取出籽後，用菜刀切碎，和砂糖、醬油混合呈糊狀。
2　雞肉去皮，切成約1cm厚，表面適量塗上做法1的梅子糊。將肉片放在青紫蘇葉上，包裹肉片捲起來，再均勻沾裹低筋麵粉。
3　將**A**混合均勻，沾滿做法2的材料。放入170°C的熱油中炸2～3分鐘，直到表面變得酥脆且呈金褐色。香菇裹上低筋麵粉，沾滿**A**的醬料後同樣的放入油炸。
4　盛盤，可依個人喜好搭配對半切開的金桔。

 POINT!

雞胸肉做成的天婦羅，帶有一種清淡的美味。在麵衣中加海苔或梅子，可以創造清爽無負擔的風味。

起司捲天婦羅

第1章　雞胸肉　《炸》

材料（2〜3人份）
雞胸肉……1片（約200g）
加工乳酪……100g
低筋麵粉……適量
A
　打散的蛋液……1/2顆份
　低筋麵粉……50g
　水……5大匙
小番茄……4〜5顆
油……適量
鹽……少許
蜂蜜……適量

做法
1　雞肉去皮，切成0.5cm厚的薄片，起司切成1cm寬的長方條。
2　將起司塊放在雞肉上，捲起來後塗上低筋麵粉。
3　將**A**混合均勻，塗滿做法2的肉捲。放入170°C的油中炸2〜3分鐘，直到外皮變得酥脆且呈金褐色。小番茄直接入鍋油炸。
4　盛盤，準備蜂蜜與鹽即可。

 POINT!
將起司捲在雞胸肉中，更添濃郁滋味，還可搭配鹽巴或蜂蜜享用。

黑胡椒香蕉天婦羅

材料（2～3人份）
雞胸肉……1片（約200g）
香蕉……1根
黑胡椒……少許
低筋麵粉……適量
A
┊打散的蛋液……1顆份
┊低筋麵粉……100g
┊水……3/4杯
油……適量
鹽……1小匙
咖哩粉……1小匙
美乃滋……適量

做法
1 雞肉去皮，切成0.5cm厚的薄片。香蕉剝皮，斜切成薄片。
2 將香蕉片放在雞肉上，撒黑胡椒，接著捲成一捲，再沾上低筋麵粉。
3 將**A**混合均勻，裹在做法2上。放入170°C的熱油中炸2～3分鐘，直至表皮變得酥脆且呈金褐色。
4 盛盤，加上混合咖哩粉和鹽的調味粉，以及美乃滋，依喜好可添加切成半月形的檸檬片。

 POINT!
香蕉的黏稠口感與雞胸肉的清爽口感十分搭，適合當作下酒菜。

酥炸迷你春捲

材料（2～3人份）

雞胸肉……1片（約200g）
鹽、胡椒……各少許
低筋麵粉……少許
春捲皮……4片
蛋白液……少許
油……適量
番茄醬……適量

做法

1　雞肉去皮，切成1cm寬的長方條狀。抹上鹽、胡椒，再撒上低筋麵粉。

2　春捲皮分成4等份，將做法1的雞肉捲起呈棍狀。在春捲皮末端輕輕沾點蛋白液，以做固定。

3　放入170℃熱油中炸2～3分鐘，直至外皮酥脆且呈金褐色。

4　盛盤，加上番茄醬就完成了。

 POINT!

可以同時品嘗到春捲皮的酥脆與雞胸肉軟嫩的口感。

柿種米果天婦羅

材料（2～3人份）
雞胸肉……1片（約200g）
蘆筍……4根
柿種米果……150g
低筋麵粉……適量
蛋白液……1顆份
油……適量
鹽……適量

做法

1　雞肉去皮，切成一口大小。蘆筍切除根部堅硬部分，再對半切成兩段。用果汁機將柿種米果打成粉末。

　　＊如果沒有果汁機，可以將米果放進有封口的保鮮袋，以擀麵棍敲打成粉末。

2　依序在做法1的雞肉抹上低筋麵粉、輕拍蛋白液，最後沾上米果的粉末。放入170°C熱油中炸2～3分鐘，直至外皮酥脆且呈金褐色。蘆筍直接入鍋油炸即可。

3　裝入容器後，加入鹽與切成半月形的檸檬片。

 POINT!

打碎過的米果能夠做出充滿香氣的麵衣，有著小吃風味的一道佳餚。

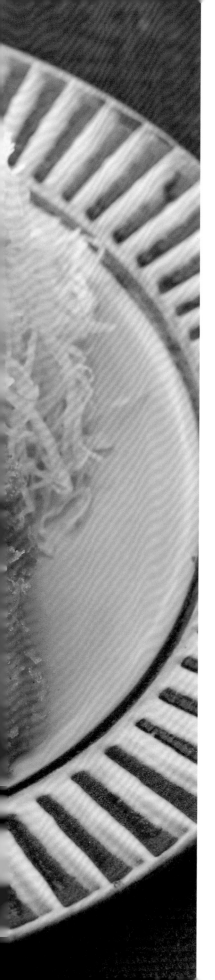

醬香炸雞

材料（2～3人份）

雞胸肉……1片（約200g）

A

 ：高湯……1/4杯

 ：味酥……1/4杯

 ：醬油……1/4杯

低筋麵粉……適量

打散的蛋液……1顆份

麵包粉……適量

油……適量

高麗菜（切成絲）……1/4顆

芥末醬……適量

做法

1　雞肉去皮，切成1cm厚。

2　將**A**放入小鍋中加熱，煮至沸騰立即關火。

3　依序在做法1的雞肉抹上低筋麵粉、蛋液、
　　麵包粉，接著放入170°C熱油中炸2～3分
　　鐘，直至外皮酥脆且呈金褐色。

4　將炸好的雞塊均勻裹上做法2的醬汁，和高
　　麗菜絲一起盛盤，最後加芥末醬。

 POINT!

炸好後立刻裹上醬汁，就能創造出濕潤、濃郁風味的雞塊。再沾
上一點芥末醬，請慢用。

南蠻漬

材料（2～3人份）

雞胸肉……1片（約200g）

低筋麵粉……適量

油……適量

A

高湯……1+1/4杯

醋……1/2杯

砂糖……2大匙

醬油……1/4杯

B

紅洋蔥（縱向薄切）……1/4顆

嫩蔥（切成細珠）……5根

紅辣椒（切小段）……1根

金桔（切成0.5cm片狀）……1顆

做法

1　將**A**放入密閉容器中，再將**B**全部加入。

2　雞肉去皮，切成1cm厚，裹上低筋麵粉。放入170°C的熱油中，炸至表面酥脆且呈金褐色即可。

3　將炸好的雞肉放入做法1的醬料中，冷藏2～3小時等待入味。

 POINT!

比竹筴魚南蠻漬更清爽的雞胸肉版本，也會產生美味的湯汁。

材料（2～3人份）
雞胸肉……1/2片（約100g）
絹豆腐……200g
茄子……1根
太白粉……適量
A
┆高湯……1杯
┆味醂……1+1/3大匙
┆醬油……1+1/3大匙
油……適量
白蘿蔔泥……2大匙
嫩蔥（切成細珠）……適量
柴魚片……一小撮

做法

1　雞肉去皮，切成1cm厚。豆腐擦乾水分，切成一口大小。茄子去蒂頭，對半縱切後在外皮上切出格子花，再對切成一半長度。

2　將雞肉和豆腐均勻裹上太白粉，放入170°C的熱油中炸2～3分鐘，直至表面酥脆且呈金褐色。茄子直接入鍋油炸。

＊油炸過程中，需不時用油炸網將雞塊稍微撈起，接觸空氣會讓麵衣更加酥脆。

3　將**A**放入小鍋中，煮至沸騰立即關火。

4　將做法2的炸雞盛盤，加入做法3的調味。放上白蘿蔔泥、蔥花，撒上柴魚片即完成。

風味炸豆腐

POINT!

泡入醬汁中，搭上白蘿蔔泥和柴魚片，清爽無負擔！

《炒》
薑燒雞胸肉

首先，雞肉不要經過太多處理，
以大火煮熟，再煎出微焦的外皮。
如此一來，醬料也容易附著在肉上。
若事先醃漬，雞肉容易變老、變柴，
因此最後才裹在焦皮的外層。
這就是我的密技。

材料（2～3人份）
雞胸肉……1片（約200g）
低筋麵粉……適量
沙拉油……1大匙
高麗菜（切成細絲）……1/6顆
番茄（對切成片）……1/4顆
A
　酒……2大匙
　味醂……2大匙
　醬油……2大匙
　砂糖……1小匙

1

雞肉去皮。為了讓雞肉能夠快速均勻受熱，切成1cm厚（參考P11）。

2

將做法1的雞肉均勻抹上低筋麵粉。將A混合均勻。

3

熱鍋熱油，以大火煎做法2的雞肉。

4

待一面煎出金黃脆皮後翻面，繼續將另一面也煎脆。

5

醬料A倒入鍋中，煮至醬汁收乾為止。

6

和高麗菜、番茄一起盛盤。

青椒炒鹽味昆布

材料（2～3人份）

雞胸肉……1片（約200g）

青椒……4顆

沙拉油……1大匙

鹽味昆布……15g

A

　酒……1大匙

　醬油……1小匙

　太白粉……1小匙

B

　酒……1大匙

　鹽……3指抓1小撮

做法

1　雞肉先切成0.5cm厚的片狀，再切成0.5cm粗的肉絲，裹上**A**的醬料。青椒去籽後切成細絲。將**B**混合均勻。

2　將油放入平底鍋，開大火炒至雞肉表面出現美味的焦黃色且肉完全散開後，加入青椒絲和鹽味昆布。青椒變軟後，加入**B**拌炒均勻。

 POINT!

用大火快炒切成肉絲的雞胸肉，這就是訣竅！

黑胡椒炒豆芽

材料（2～3人份）

雞胸肉……1片（約200g）

豆芽菜……100g

沙拉油……1大匙

A

酒……1大匙

醬油……1小匙

太白粉……1小匙

B

酒……1大匙

味醂……1大匙

醬油……1大匙

粗黑胡椒粉……1/2小匙

做法

1 雞肉先切成0.5cm厚的片狀，再切成0.5cm粗的肉絲，裹上**A**的醬料。將**B**混合均勻。

2 將油放入平底鍋，開大火炒做法1的肉絲。當表面炒出美味的焦色且肉完全散開後，加入豆芽菜快速翻炒，再加入**B**的醬料迅速炒均勻。

從開始到最後都要用大火快炒。待雞肉像照片裡一樣完全散開，才放豆芽菜哦！

當加入豆芽菜時，需立即加入調味料，再快速翻炒一下馬上關火，接下來靠餘溫就 OK 了。

POINT!

這道菜的重點，在於大火快炒。

材料（2～3人份）

雞胸肉……1片（約200g）
高麗菜……1/6顆
沙拉油……1大匙
辣椒粉……少許
白芝麻……少許

A
酒……1大匙
醬油……1小匙
太白粉……1小匙

B
酒……2大匙
砂糖……1小匙
醬油……1小匙
味噌……1大匙
白芝麻……1大匙

做法

1　雞肉切成0.5cm厚的薄片，裹上A的醬料。高麗菜切成適合入口的大小。將B混合均勻。

2　將油放入平底鍋，開大火炒至雞肉表面有美味的焦色且肉完全散開後，加入高麗菜炒至還殘留一點爽脆口感。起鍋前加入B炒均勻。

3　盛盤，撒上辣椒粉和白芝麻即完成。

芝麻味噌
炒高麗菜

第1章　雞胸肉《炒》

 POINT!

高麗菜的爽脆口感，以及辣椒粉與白芝麻，就是這道菜的亮點。

奶油醬油
炒菇

材料（2～3人份）

雞胸肉……1片（約200g）

香菇……2片

鴻喜菇……1袋

金針菇……1袋

沙拉油……1大匙

蒜頭（切成薄片）……1瓣

嫩蔥（切成細珠）……適量

A

酒……1大匙

醬油……1小匙

太白粉……1小匙

B

酒……1大匙

味醂……1大匙

醬油……1大匙

奶油……10g

做法

1　雞肉切成0.5cm厚的薄片，裹上**A**的醬料。香菇去梗後切成薄片，鴻喜菇切去根部，金針菇也切去根部，再切成適合入口的大小。將**B**混合均勻。

2　將油放入平底鍋，開大火炒雞肉與蒜片，當表面炒出美味的焦色且肉完全散開後，加入菇類炒到變軟即可。

3　盛盤，撒上蔥花。

 POINT!

隱隱約約的奶油與醬油味，成為這道菜的重頭戲！

《煎烤》味酥烤乾雞肉

材料（方便製作的份量）
雞胸肉……1片（約200g）
A
味酥……3大匙
酒……1大匙
醬油……1大匙
白芝麻……適量
白蘿蔔泥……適量

做法
1 雞肉輕輕地縱向切開，沿切口左右打開成一大片。
2 將雞肉以**A**的醬料醃漬20分鐘左右，接著用廚房紙巾將醃料擦乾。將芝麻均勻撒在肉上，把肉移到籐籃或烤網上，放置涼爽處晾乾2～3小時。
3 要吃的時候將雞肉放到烤網或平底鍋加熱，將兩面快速過火，接著切成一口大小盛盤，放上白蘿蔔泥，並依個人喜好可加上對半切開的金桔。

不管是醃漬後再烤或是
烤完後再調味，
「快速」都是基本訣竅！

第1章 雞胸肉 《煎烤》

材料（2～3人份）
雞胸肉……1片（約200g）
鹽……少許
蘘荷（切成細絲）……1個
青紫蘇（切成細絲）……5片
蒜（切成細絲）……1/3根
粗黑胡椒粉……少許
A
⋮薑泥……1小匙
⋮檸檬汁……2大匙
⋮淡醬油……1大匙
⋮蜂蜜……1/2大匙
⋮沙拉油……1/4杯

做法
1　雞肉切成1cm厚，抹上鹽。將蘘荷、青紫蘇、蒜和**A**混合均勻。
2　大火加熱平底鍋或烤網，將做法1的雞肉兩面烤出美味的焦痕（油不可沸騰）。
3　將雞肉擺放盛盤，淋上混合均勻的**A**，放入冰箱冷藏2～3小時，等待入味。享用時撒上黑胡椒即可。

烤醃泡雞肉

 POINT!
濃縮在烤痕上的醃泡醬料精華與雞肉的鮮味混合，就是Double美味！

《Special》鴨肉風格

特別料理的起點，
就在於雞胸肉彷彿化身鴨肉，
是令人驚奇的夢幻菜單。

材料（方便製作的份量）
雞胸肉……1片（約200g）
鹽……少許
洋蔥……1/4顆
A
　酒……1/4杯
　醬油……1/4杯
　砂糖……1.5大匙
　水……1+1/4杯
太白粉水……適量
萵苣（切成細絲）……2葉
顆粒芥末醬……適量

做法
1　在雞肉兩面抹上鹽。洋蔥縱切成細絲。
2　平底鍋加熱，將雞肉的雞皮部分朝下放入鍋中，
　　煎至表面出現美味的焦痕且變脆時，翻面快速煎
　　熟，肉的部分要保持白嫩。
3　將**A**和洋蔥放入鍋中，開火煮至沸騰後，立刻加
　　入做法2的雞肉，以中火煮約2分鐘關火，蓋一張
　　廚房紙巾，直接放置冷卻為止。
4　在小鍋中放入少量做法3的肉汁，煮開後立刻加入
　　太白粉水勾芡。
5　等到做法3的肉汁完全冷卻後，取出雞肉切成一口
　　大小。在容器中盛入肉汁、洋蔥以及萵苣，淋上
　　做法4的醬汁後，加入芥末醬。

雞肉散壽司

材料（2～3人份）

雞胸肉……1片（約200g）

鹽……少許

酪梨……1/2顆

A

味醂……1大匙

醬油……1大匙

芝麻油……1大匙

薑（切成細絲）……1片

蘘荷（切成薄片）……1個

白飯……2碗份

B

米醋……2.5大匙

砂糖……1大匙

鹽……1/2小匙

白芝麻……適量

做法

1　雞肉切成0.2cm厚的薄度，放入熱鹽水中（不須開火）約5分鐘，取出去除水氣，並撕成小塊。酪梨去皮去籽，切成一口大小。將雞肉和酪梨放入碗中，加入**A**調味。

2　薑絲快速過水。

3　將**B**加入熱白飯中，快速攪拌做出好吃的醋飯。

4　將醋飯盛盤，加入做法1的材料，並放上薑絲與蘘荷裝飾，撒上白芝麻。

 POINT!

是一道柔柔嫩嫩的雞胸肉與酪梨，搭上蘘荷的健康壽司。

材料（2～3人份）

雞胸肉……1片（約200g）

長蔥（切成斜斜的薄片）……1/2根

水菜（5cm長）……1/2把

金針菇……1袋

高湯用的昆布……5cm方形1片

A

　白蘿蔔泥……4大匙

　嫩蔥（切成細珠）……2大匙

　砂糖……3指抓1小撮

　味醂……1大匙

　醬油……2大匙

　醋……2大匙

　辣椒粉……少許

做法

1　雞肉去皮，切成0.5cm厚的薄片。金針菇切去根部。將雞肉、長蔥、水菜、金針菇放入容器中。將A混合均勻。

2　在鍋中放入昆布和適量的水，開火煮至沸騰後，將做法1的材料放入鍋中涮熟，煮好後可搭配A的調味料食用。

POINT!

雞胸肉在熱鍋中快速涮過，這種美味會讓人一吃就上癮！

水晶雞

材料（2～3人份）
雞胸肉……1片（約200g）
小黃瓜……1根
鹽……少許
吉利丁片……2片（3g）

高湯……1/2杯
味醂……1大匙
砂糖……1大匙
淡醬油……1大匙
梅子肉……1大匙
醋……2大匙
太白粉……適量
白芝麻……少許

做法

1　小黃瓜切薄片，均勻抹上鹽巴後，擠乾水分。吉利丁片放入水中泡軟。

2　將**A**放入小鍋中，開火煮至沸騰後，立即將做法1的吉利丁片輕輕擠乾，放入鍋中至融化，再放入冰箱冷卻凝固。

3　雞肉去皮，切成2cm的塊狀後裹上太白粉。放入滾水中煮到水出現白色（要不時攪拌，避免雞肉接觸鍋底），取出後立刻放入冰水冰鎮。

4　用廚房紙巾擦乾做法3雞肉的水氣，放入容器中。用湯匙將做法2的水晶凍絞碎，放在雞肉上，再撒入白芝麻並放上做法1的小黃瓜即可。

 POINT!

抹上太白粉再燙熟，彈嫩的雞胸肉恰好搭配梅子口味水晶凍。

第2章
雞腿肉

由於有著十分豐厚的油脂與水分，多汁的雞腿肉無論用來炸或是烤，都是相當合適的食材。

不過，因為出人意料地難以煮熟，在料理上需要稍微多一點技巧。

在此我將介紹這些料理的技巧，同時向外延伸，教導各位相關的食譜。

「笠原流」讓雞腿肉變美味的法則

1　在開始料理前，仔細去除多餘的脂肪與肉中殘留的筋和骨頭。

2　雞腿肉水分很多，不容易煮熟，因此需以穩定的低溫烹調。

3　在切肉的時候，要連雞皮一起切。

雞腿肉是能夠輕鬆做出親子丼及鹽烤雞肉等高人氣菜單的魅力食材，但由於肉中含有豐富水分，比較難以煮熟。首先，將雞肉中殘餘的脂肪及小骨頭取出，仔細的前置作業不可或缺。接著，以低溫穩定地加熱，這就是雞腿肉的美味料理訣竅。在切成一口大小時，一律連著雞皮一起切下，讓香濃的脂質流遍腿肉，就可以做出美味的雞腿肉料理。

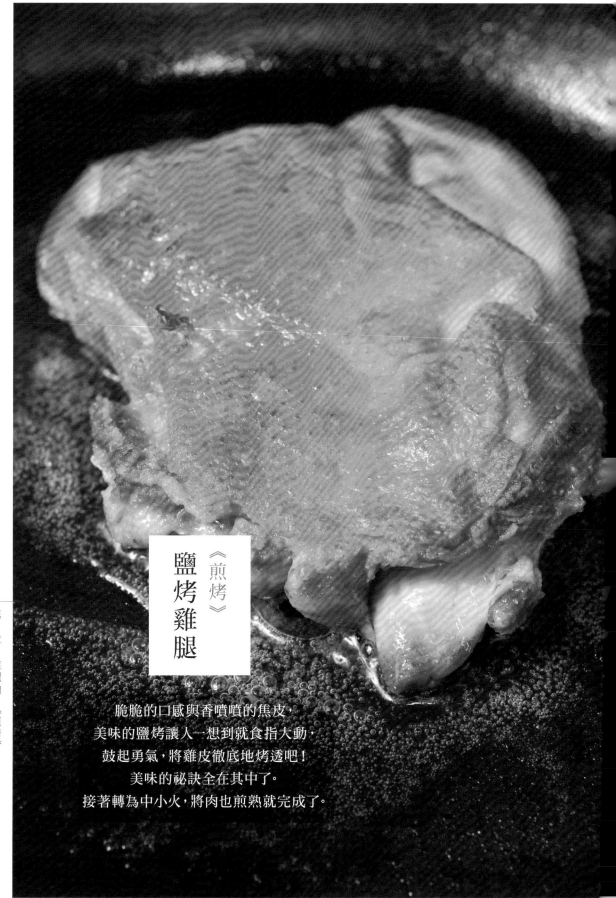

《煎烤》
鹽烤雞腿

脆脆的口感與香噴噴的焦皮，
美味的鹽烤讓人一想到就食指大動，
鼓起勇氣，將雞皮徹底地烤透吧！
美味的祕訣全在其中了。
接著轉為中小火，將肉也煎熟就完成了。

材料（2人份）

雞腿肉……1片（約200g）

鹽……適量

沙拉油……1大匙

搭配的野菜

：蘘荷（切成細絲）……1個

：蘿蔔嬰（切去根部）……1/3包

：青紫蘇（切成細絲）……5片

：長蔥（切成細絲）……1/3根

沾醬

：醬油……1大匙

：味醂……1大匙

：醋……2大匙

：白蘿蔔泥……2大匙

：辣椒粉……少許

1

將雞肉多餘的油脂與筋切除，殘餘的骨頭也小心去除。

2

在做法1的雞肉的表面都仔細抹上鹽巴，再搭配野菜過水。

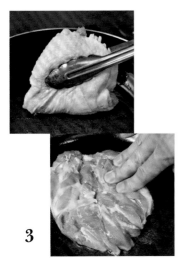

3

油倒入平底鍋，以中火將雞皮煎出焦色。一開始時，將雞皮完全壓緊貼合在鍋底，維持這樣的方式煎約5分鐘。這個步驟要鼓起勇氣，完全不要動它地放著煎熟，就是煎出焦脆外皮的訣竅。

4

等到外皮煎得焦香酥脆後翻面。當覺得雞皮已酥脆了，就輕輕地翻過來確認。看到雞肉縮起來的瞬間，也是雞皮煎透的徵兆之一，注意別忽略了，再以中小火煎熟雞肉。

5

切成一口大小，和過水的野菜一起盛盤。將沾醬的材料混合後放一旁備用。

醬燒雞肉配
蛋黃白蘿蔔泥

材料（2～3人份）

雞腿肉……1片（約200g）

沙拉油……1大匙

山椒粉……少許

A

:酒……1大匙

:醬油……1大匙

:味醂……2大匙

蛋黃白蘿蔔泥

:蛋黃……1顆份

:白蘿蔔泥……3大匙

:鹽……3指抓1小撮

做法

1　雞肉去除多餘的脂肪與筋，仔細切去殘餘的骨頭（參考P39）。

2　平底鍋中放油加熱，從做法1的雞皮開始煎。一開始要將雞皮完全壓緊貼合鍋底，煎約5分鐘。等到雞皮煎得焦脆時翻面，以中小火煎熟。

3　用廚房紙巾將平底鍋中多餘的油脂擦除，加入**A**。以小火加熱，不停翻攪，直到變得黏稠。

4　切成一口大小，盛盤後將煮剩下的醬汁淋上去。撒上山椒粉，將蛋黃、白蘿蔔泥和鹽混合後放入盤上即可。

 POINT!

酥脆的焦皮，搭上口味柔和的蛋黃白蘿蔔泥真是絕配！

材料（2〜3人份）
雞腿肉……1片（約200g）
沙拉油……1大匙
A
⸰酒……1大匙
⸰味醂……1大匙
⸰醬油……1大匙
⸰柚子果汁……1/4顆份
奇異果白蘿蔔泥
⸰奇異果泥……1/2顆份
⸰白蘿蔔泥……3大匙
⸰檸檬汁……1小匙
⸰鹽……3指抓1小撮

做法

1　雞肉去除多餘的脂肪與筋，仔細切去殘餘的骨頭（參考P39）。

2　將**A**混合均勻，醃漬做法1的雞肉約20分鐘。

3　平底鍋中放油加熱，將醃漬好的雞肉，雞皮朝下以小火慢煎，注意不要燒焦，等到雞皮出現焦色時翻面，蓋上鍋蓋，繼續煎雞肉。加入剩餘的**A**醬汁，讓兩者一起慢慢煮熟。

4　切成一口大小，盛盤後加上奇異果白蘿蔔泥。

雞肉柚庵燒配
奇異果白蘿蔔泥

POINT!
混合柚子果汁的清爽口味，做成多汁的奇異果白蘿蔔泥。

雞肉西京燒配青辣椒白蘿蔔泥

材料（2～3人份）

雞腿肉⋯⋯1片（約200g）

沙拉油⋯⋯1大匙

A

⋮信州味噌⋯⋯2大匙

⋮酒⋯⋯2小匙

⋮砂糖⋯⋯2小匙

青辣椒白蘿蔔泥

⋮青辣椒⋯⋯5根

⋮（去籽後切成小片）

⋮白蘿蔔泥⋯⋯3大匙

⋮鹽⋯⋯3指抓1小撮

做法

1 雞肉去除多餘的脂肪與筋，仔細切去殘餘的骨頭（參考P39）。

2 將**A**混合，均勻塗在做法1的雞肉上，放入密閉容器或蓋上保鮮膜，放入冰箱冷藏半天。

3 平底鍋中放油加熱，將做法2上的醬汁徹底擦乾淨後，雞皮朝下以小火慢煎，注意不要燒焦，等到雞皮變得酥脆時翻面，蓋上鍋蓋，煎熟雞肉。

4 切成一口大小，盛盤後將青辣椒白蘿蔔泥混合。

 POINT!

甘甜的西京燒，搭配上醒腦爽口的青辣椒白蘿蔔泥。

雞肉利休燒配
山藥白蘿蔔泥

材料（2～3人份）

雞腿肉……1片（約200g）

沙拉油……1大匙

白芝麻……少許

A

：酒……1大匙

：味醂……1大匙

：醬油……1大匙

：白芝麻……1大匙

山藥白蘿蔔泥

：山藥……50g

：白蘿蔔泥……3大匙

：鹽……3指抓1小撮

做法

1　雞肉去除多餘的脂肪與筋，仔細切去殘餘的骨頭（參考P39）。

2　將**A**混合均勻，醃漬做法1的雞肉約20分鐘。

3　平底鍋中放油加熱，將醃漬好的雞肉，雞皮朝下以小火慢煎，注意不要燒焦，等到雞皮焦脆時翻面，蓋上鍋蓋，煎熟雞肉。加入剩下的**A**醬汁，一起慢慢煮熟。

4　切成一口大小，放入容器中再撒入白芝麻。將山藥去皮，以菜刀大致剁碎，加入白蘿蔔泥和鹽之後，一起盛盤。

 POINT!

白芝麻的香氣和山藥白蘿蔔泥，能夠有相當好的平衡！

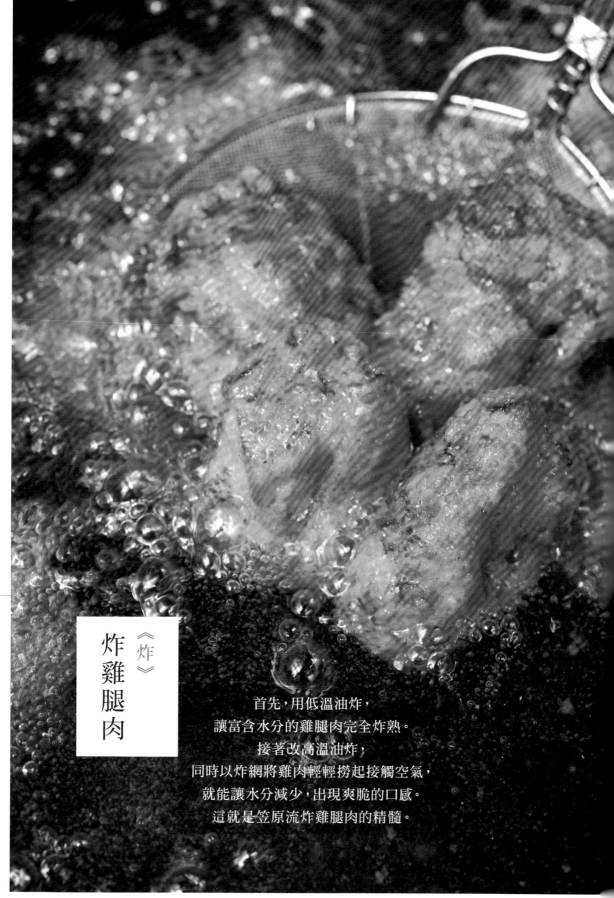

《炸》
炸雞腿肉

首先，用低溫油炸，
讓富含水分的雞腿肉完全炸熟。
接著改高溫油炸，
同時以炸網將雞肉輕輕撈起接觸空氣，
就能讓水分減少，出現爽脆的口感。
這就是笠原流炸雞腿肉的精髓。

材料（2～3人份）
雞腿肉……1片（約200g）
醬油……1.5大匙
味醂……1.5大匙
打散的蛋液……1顆份
黑胡椒……少許
低筋麵粉……1大匙
太白粉……適量
油……適量

1

雞肉連皮一起切成一口大小（由於加熱後會縮小，不要切得太小塊）。將雞肉放入攪拌碗中，再加入醬油與味醂，輕輕地用手攪拌按摩均勻。

2

在做法1的攪拌碗中加入蛋液、黑胡椒和低筋麵粉。與醬油和味醂混合一般，繼續輕輕揉捏按摩，讓美味滲入肉中。

3

放入鍋中油炸之前，一片片的雞肉均勻裹上太白粉。

4

以160°C的油溫將做法3的雞肉炸約3分鐘，取出盛盤。由於雞腿肉含有豐富水分，除了難以煮熟之外，事先的調味也會讓雞肉容易炸焦，因此要先用低溫慢慢油炸一次，讓熱度進入雞肉。將油升溫至180°C，將雞肉回鍋再炸1分鐘。三不五時用炸網將雞肉撈起，接觸空氣散發水分，讓表皮更為酥脆。

5

盛盤後，可依個人喜好搭配切成半月形的檸檬。

鹽味炸雞

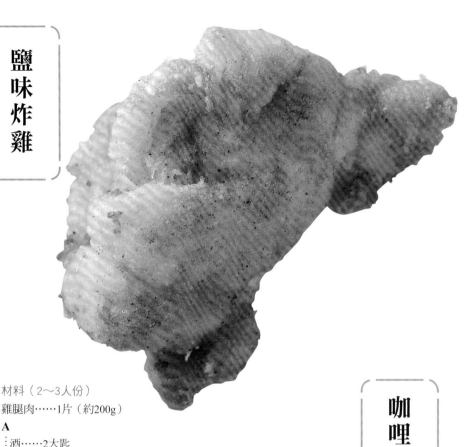

咖哩味炸雞

材料（2～3人份）
雞腿肉……1片（約200g）
A
：酒……2大匙
：鹽……1/2小匙
：薑泥……1/2小匙
低筋麵粉……1大匙
太白粉……適量
油……適量

做法

1　雞肉切成一口大小（參考P45）。

2　將做法1的雞肉與**A**放入攪拌碗，以雙手按摩。味道完全滲入雞肉後，加低筋麵粉繼續按摩。油炸前再抹上太白粉。

3　將做法2的雞肉放入160°C的油中炸約3分鐘，取出備用。

4　將油升溫至180°C，把做法3的雞肉回鍋再炸約1分鐘。炸的過程中，三不五時需以炸網將雞塊輕輕撈起接觸空氣，讓表皮更為酥脆。

＊可依個人喜好，沾點山椒粉與鹽混合的調味粉食用。

材料（2～3人份）
A
：醬油……1大匙
：咖哩粉……1大匙
：牛奶……2大匙
低筋麵粉……1大匙
太白粉……適量
油……適量

做法

與鹽味炸雞相同。可依個人喜好搭配蕗蕎食用。

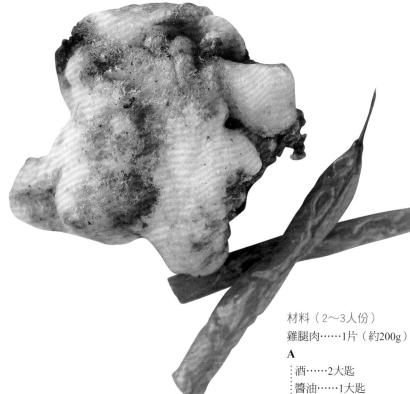

蒜味微辣炸雞

材料（2～3人份）

雞腿肉……1片（約200g）

A

: 酒……2大匙
: 醬油……1大匙
: 蒜泥……1小匙
: 辣椒粉……1小匙

B

: 蛋白……1顆份
: 太白粉……1.5大匙
: 砂糖……1小匙

太白粉……適量

油……適量

四季豆……4根

做法

1 雞肉切成一口大小（參考P45）。

2 將做法1的雞肉與**A**一起放入攪拌碗中，以雙手按摩入味。

3 另取一個攪拌碗，放入**B**的蛋白，打發至可以拉出明顯的立角，再加入**B**剩下的材料，快速輕輕混合均勻。

4 油炸之前先抹上太白粉，再均勻裹上做法3的材料。

5 將做法4的雞肉放入160°C的油中炸約3分鐘，取出備用。

6 將油溫升溫至180°C，把做法5的雞肉回鍋再炸約1分鐘。炸的過程中，三不五時需以炸網將雞肉輕輕撈起接觸空氣，讓表皮更酥脆。四季豆去蒂頭，直接下鍋油炸後切成一半。

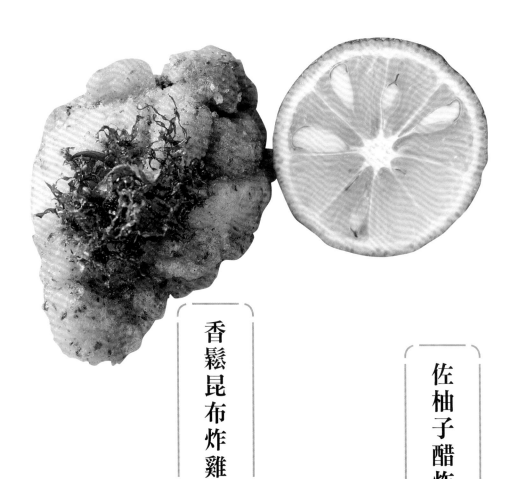

香鬆昆布炸雞

佐柚子醋炸雞

材料（2～3人份）

雞腿肉……1片（約200g）

A

酒……2大匙

香鬆……1小匙

昆布茶……1小匙

低筋麵粉……1大匙

太白粉……適量

青紫蘇（切成細絲）……10片

油……適量

做法

1 與鹽味炸雞做法（參考P46）相同。

2 青紫蘇直接放入180°C的油中炸至酥
   脆，取出放在雞塊上。可依個人喜好
   配上切開的金桔。

白酒蘋果風味炸雞

材料（2～3人份）
雞腿肉……1片（約200g）

A
:白酒……2大匙
:蘋果泥……3大匙
:鹽……1/2小匙
:黑胡椒……少許

B
:低筋麵粉……2大匙
:太白粉……2大匙
:起司粉……1大匙
油……適量
蘆筍……2根

做法

1　雞肉切成一口大小（參考P45）。

2　將做法1的雞肉和**A**放入攪拌碗，以雙手按摩入味。

3　將**B**混合，均勻塗在做法2的雞肉上。

4　將做法3的雞肉放入160°C的油中炸約3分鐘，取出備用。

5　將油溫升溫至180°C，將做法4的雞肉回鍋再炸約1分鐘。炸的過程中，需三不五時以炸網將雞肉輕輕撈起接觸空氣，讓表皮更為酥脆。蘆筍切去根部，直接油炸，接著切成方便食用的長度。可依個人喜好搭配顆粒芥末醬。

＊沾鹽吃也非常美味。

材料（2～3人份）
雞腿肉……1片（約200g）

A
:酒……2大匙
:鹽……1/2小匙
太白粉……適量
油……適量

B
:高湯、醋、醬油……各2大匙
:味醂、白芝麻……各1大匙
嫩蔥（切成細珠）……適量
黑胡椒……適量

做法

1　雞肉切成一口大小（參考P45）。

2　將做法1的雞肉和**A**放入攪拌碗中均勻按摩。油炸之前裹上太白粉。將**B**混勻。

3　放入180°C的油中炸約3～4分鐘。

4　將炸好的雞塊裹上**B**的醬汁。

5　放上嫩蔥珠，再撒上黑胡椒。

《燉煮》 雞肉馬鈴薯

雞肉和蔬菜煎出焦痕後，
再燉煮，更能濃縮美味精華。

材料（2～3人份）
雞腿肉……1片（約200g）
馬鈴薯……2顆
紅蘿蔔……1/2根
洋蔥……1/2顆
沙拉油……1大匙
A
│ 水……1.5杯
│ 酒……1/2杯
│ 砂糖……2大匙
│ 醬油……2.5大匙
│ 高湯用的昆布……5cm方形1片
扁豆……6根

做法
1 雞肉切得比一口稍大一點。馬鈴薯和紅蘿蔔去皮後滾刀切塊，洋蔥切成半圓形。
2 平底鍋中放油加熱，將雞肉與做法1的蔬菜炒出美味的焦痕後，加入**A**的調味料。
3 煮滾後轉小火，蓋上鍋蓋燉煮15分鐘。取出高湯用的昆布，放入去絲的扁豆後轉大火，再煮5分鐘，盛盤。

在蔬菜與肉的表面都炒出美味的焦痕，除了增加視覺上的可口，也比較不容易被煮散。

加入煮汁後轉小火慢燉，可以讓食材徹底入味。

清燉雞肉蛤蠣

材料（2～3人份）
雞腿肉……1片（約200g）
鹽……少許
蛤蠣……200g
長蔥（斜切薄片）……1/2根
山芹菜……1/3把
沙拉油……1大匙
A
┊酒……1/2杯
┊淡醬油……1大匙
┊水……2杯
┊高湯用的昆布……5cm方形1片

做法
1　雞肉切成一口大小後抹上鹽。蛤蠣吐沙，以流水沖洗。山芹菜切成3cm長。
2　平底鍋中放油加熱，將雞肉炒出美味的焦痕後，加入**A**和蛤蠣一起煮。
3　蛤蠣稍微開口的時候加入長蔥，繼續慢慢燉到蛤蠣完全開口。
4　試味道，若太淡可以加鹽（材料份量外），撒上山芹菜後即可盛盤。

 POINT!
雞肉與蛤蠣的雙重高湯，讓美味豐美醇厚！

材料（2～3人份）

雞腿肉……1片（約200g）

絹豆腐……300g

芝麻油……1大匙

A

酒……1大匙

淡醬油……1.5大匙

鹽……3指抓1撮

水……1.5杯

高湯用的昆布……5cm方形1片

太白粉水……2大匙

嫩蔥（切成細珠）……適量

黑胡椒……適量

做法

1 雞肉切成一口大小。豆腐用廚房紙巾輕輕擦乾水分。

2 平底鍋中放油加熱，將雞肉炒出美味的焦痕後，加入**A**，轉中火再煮5分鐘，取出高湯用的昆布，加入太白粉水勾芡。

3 用手將豆腐抓碎放入鍋中，趁熱盛盤。撒上蔥花與黑胡椒就完成了。

燉煮雞肉豆腐

POINT!

碎豆腐和濃稠的湯汁，再加上軟嫩雞肉，是幸福的三重奏！

味噌雞肉煮茄子

材料（2～3人份）

雞腿肉……1片（約200g）
茄子……2條
洋蔥（切薄片）……1/2顆
四季豆……8根
芝麻油……1大匙
A
酒……1/4杯
砂糖……1大匙
醬油……1大匙
味噌……1大匙
水……1.5杯
高湯用的昆布……5cm方形1片
辣椒粉……少許

做法

1　雞肉切成一口大小。茄子去蒂頭，縱切成8等份。四季豆去蒂頭去絲，切成一半。

2　平底鍋中放入芝麻油加熱，將做法1的材料與洋蔥炒至變軟後，加入**A**燉煮。

3　煮到湯汁快要收乾時即可盛盤，撒上黑胡椒粉就完成了。

 POINT!

無論是雞肉或是蔬菜，都要炒出焦痕後再燉煮，這是料理的基礎。

材料（2人份）

雞腿肉……1片（約200g）

長蔥（斜切成薄片）……1/2根

白菜……2片

春菊……1/3把

蒟蒻絲……100g

A

:味醂……1杯

:酒……1/2杯

:醬油……1/2杯

:水……1/2杯

溫泉蛋……2顆

做法

1 雞肉切成薄片。白菜沿著纖維方向切成5cm長的細條，春菊只摘取葉子部分。蒟蒻絲在沸騰熱水中快速過水，切成方便食用的長度。

2 將A放入鍋中混合，煮至沸騰後，加入做法1的材料與適量的蔥，一旦煮熟就從鍋中取出，拌著攪開的溫泉蛋一起享用。

壽喜燒風腿肉

 POINT!

以雞肉來煮風味濃郁的壽喜燒，清新又爽口！

雞腿肉叉燒

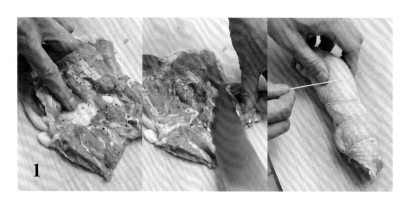

雞肉切開攤平，若有空洞的地方，切其它地方的肉來補足，讓肉片呈現均勻狀態。在肉的表面抹上鹽和胡椒，從邊緣開始捲成一捲，以棉線將邊緣綁緊，再將整個肉捲均勻纏繞起來，最尾端打一個穩固的結。

材料（2～3人份）
雞腿肉……1片（約200g）
鹽、黑胡椒……各少許
A
　酒……1/4杯
　砂糖……2大匙
　醬油……1/2杯
　水……1+1/4杯
　高湯用的昆布……5cm方形1片
豆芽菜……50g
洋蔥（切成薄片）……1/2顆
柚子胡椒……少許

平底鍋不加油，放入做法1的肉捲，開大火一邊翻轉一邊煎熟，讓整個肉捲都煎出焦痕。

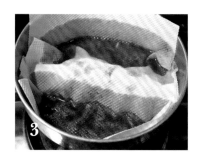

將**A**和洋蔥放入鍋中，開火煮至沸騰後立刻加入做法2的肉捲，轉小火煮約15分鐘關火，蓋上一張廚房紙巾，放置等待冷卻。

4

將豆芽菜放入加鹽（材料份量外）的熱水中汆燙，以濾網取出。

5

雞肉切成方便食用的大小，盛盤後放入做法4的豆芽菜和少許柚子胡椒。

 POINT!
將雞腿肉捲起來，煎烤再燉煮，雞肉會流出美味的肉汁。

雞肉菇菇燉蘿蔔泥

材料（2～3人份）

雞腿肉……1片（約200g）
香菇……2片
鴻喜菇……1袋
金針菇……1袋
水菜……1/3把

A
　味醂……2大匙
　醬油……2大匙
　水……2杯
　高湯用的昆布……5cm方形1片
太白粉水……2大匙
白蘿蔔泥……4大匙
柚子皮（切成細絲）……少許

做法

1　雞肉切成一口大小。香菇切去蒂頭，鴻喜菇和金針菇切去根部。鴻喜菇剝散，香菇和金針菇切成方便食用的大小。水菜切成3cm長。

2　將雞肉、菇類和A放入鍋中，開火煮至雞肉全熟、菇類變軟後，加水菜稍微再煮一下。

3　放入太白粉水勾芡，再加入白蘿蔔泥煮至沸騰即可關火。放入食器中，撒上柚子皮就完成了。

 POINT!
一個平底鍋就可以輕鬆完成的白蘿蔔泥燉鍋。擁有雞肉與菇類的雙重美味湯汁！

和風番茄燉雞肉

材料（2～3人份）

雞腿肉……1片（約200g）
洋蔥（切薄片）……1顆
香菇……2片
番茄……2顆
沙拉油……2大匙
鹽、黑胡椒……各少許
A
　酒……3大匙
　味醂……1大匙
　醬油……1大匙
　高湯用的昆布……5cm方形1片
青紫蘇（切成細絲）……5片

做法

1　雞肉切成比一口再稍大塊一點。香菇去
　　蒂頭，切成薄片。番茄去蒂頭，在底部
　　輕劃出十字刀痕，放入滾水中快速汆
　　燙，切成大塊。

2　平底鍋中放油加熱，炒雞肉和洋蔥。等
　　到食材翻炒至全部上油後加鹽，繼續炒
　　至洋蔥變成褐色。

3　加入香菇、番茄和**A**，煮滾後轉小火慢燉
　　20分鐘。

4　盛盤，撒上黑胡椒，再放上青紫蘇。

 POINT!

先炒過再燉煮的和風番茄燉雞肉，雞肉的濃郁感和蔬菜的鮮甜是重點！

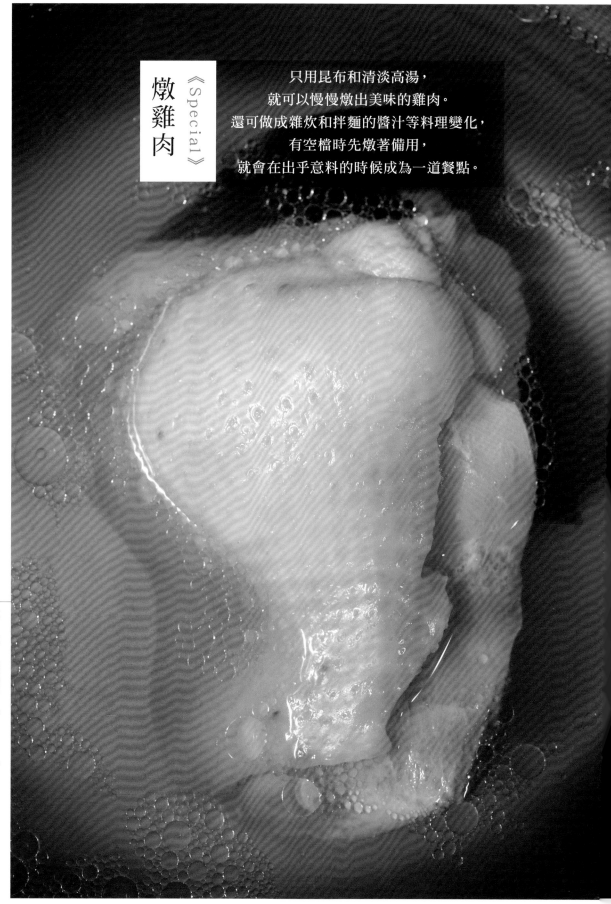

《Special》
燉雞肉

只用昆布和清淡高湯，
就可以慢慢燉出美味的雞肉。
還可做成雜炊和拌麵的醬汁等料理變化，
有空檔時先燉著備用，
就會在出乎意料的時候成為一道餐點。

第2章　雞腿肉　《Special》

60

材料（2～3人份）

雞腿肉……1片（約200g）

A

酒……1/2杯

淡醬油……2大匙

水……3杯

高湯用的昆布……5cm方形1片

雞肉放入滾水中，將表面燙熟。

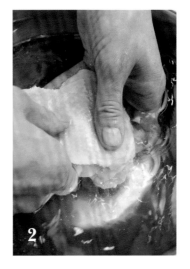

當燙到表面轉白時，先放入水中清洗，洗掉多餘的脂肪。

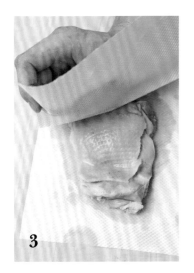

取一張廚房紙巾鋪在肉的下面，再取一張蓋在上面，吸乾水分。

將做法3的雞肉和**A**放入鍋中，開火。

煮滾後撈去浮沫，轉小火再燉20分鐘。為了讓湯汁維持清澈，不要加蓋。燉煮的過程中要上下撈動，讓肉能夠平均受熱。關火後放置冷卻。

＊將湯汁放入密閉容器，可冷藏保存3～4天。若要冷凍，記得將雞肉與雞湯分開放，可保存1個月。

燉雞肉的5種沾醬

柚子味噌醬

材料（方便製作的份量）
柚子果汁……2大匙
白味噌……3大匙
淡醬油……1/2大匙
柚子胡椒……少許
沙拉油……1大匙

做法
全部材料混合均勻。

蔥燒薑味醬

材料（方便製作的份量）
長蔥（切碎）……1/2根
薑泥……1/2片份
鹽、黑胡椒……各1/2小匙
芝麻油……2大匙

做法
全部材料混合均勻。

芝麻醬

材料（方便製作的份量）
白芝麻糊……3大匙
砂糖……1大匙
醬油……1大匙
醋……1大匙
白芝麻……1/2大匙
辣椒粉……少許

做法
全部材料混合均勻。

梅子蜂蜜醬

材料（方便製作的份量）
梅子肉……2大匙
蛋黃……1顆份
醬油……1/2大匙
蜂蜜……1/2大匙
沙拉油……1大匙

做法
全部材料混合均勻。

蘿蔔泥醬油

材料（方便製作的份量）
小黃瓜……1根
青紫蘇（切成細絲）……5片
昆布茶……1/2小匙
醋……1大匙
淡醬油……1.5大匙
沙拉油……1大匙

做法
1 將小黃瓜磨成泥，輕輕擠出水分。
2 全部材料混合均勻。

 POINT!
和燉雞肉相合的沾醬有柚子味噌、芝麻、蔥燒薑味醬和梅子蜂蜜等，也是非常適合下酒的5種特別沾醬。

柚子味噌醬

芝麻醬

蔥燒薑味醬

蘿蔔泥醬油

梅子蜂蜜醬

雞湯雜炊

材料（2人份）
燉雞肉（參考P60）……1/3片份
香菇……1片
長蔥（切成細珠）……1/3根
燉雞湯（參考P60）……2杯
雞蛋……1顆
白飯……1碗
鹽……少許
山芹菜（切成細珠）……2株

做法

1　將燉雞肉撕開成小塊。香菇去蒂頭，切薄片。

2　將雞湯、做法1的材料和蔥花一起放入鍋中，煮滾後把雞蛋打散加入，接著立刻加入白飯稍微煮一下，放鹽調味。

3　裝入食器中，撒上山芹菜即可。

 POINT!

事先煮好的燉雞肉，只要加上雞蛋和蔥花，半夜也能快速煮好雜炊！

雞湯麵

材料（2人份）

燉雞肉（參考P60）……1/3片份

麵條……2把

A

　燉雞湯（參考P60）……1.5杯

　水……1杯

　味醂……1小匙

　淡醬油……1小匙

嫩蔥（切成細珠）……適量

黑胡椒……少許

芝麻油……1小匙

做法

1 將燉雞肉撕開成小塊。煮一鍋水，沸騰後放入喜好的麵量煮熟，撈起沖冷水。

2 另取一鍋，放入**A**，煮滾後即可關火。將做法1的麵條和撕碎的燉雞肉放入加熱。

3 盛盤，依序撒上蔥花、黑胡椒以及淋上芝麻油。

 POINT!

雞湯加入麵條、燉的雞肉，一碗熱騰騰的雞湯麵瞬間就完成了！

第1章 雞胸肉 《Special》

材料（方便製作的份量）
雞腿肉（大）……1片（約300g）
雞肝……50g
沙拉油……2大匙
洋蔥（切成薄片）……1/2顆
A
　酒……1大匙
　醬油……1大匙
蒜頭（切成薄片）……1瓣份
鹽、黑胡椒……各少許
味醂……2大匙
鮮奶油……1/4杯
奶油（無鹽）……30g

做法

1　雞腿肉切成一口大小。雞肝切去多餘的脂肪並仔細將血去乾淨，切成一口大小。

2　在平底鍋放入1大匙油加熱，洋蔥炒至變軟後，加入雞肝一起翻炒。等到雞肝炒熟，加入**A**快速混合，關火放置冷卻。

3　另取一個平底鍋，將材料中剩下的油加熱，放入雞腿肉與蒜片拌炒至肉變白後，加鹽和胡椒，味醂繞鍋倒入。再加入鮮奶油混合均勻，轉小火煮到材料變得濃稠。

4　將做法2和做法3的材料放入食物調理機，攪拌打碎。攪拌過程中，奶油分3次加入。

5　模型內鋪上保鮮膜，將做法4的材料放入後推平，蓋上保鮮膜，放進冰箱半天，等待冷卻凝固。

6　切成方便食用的大小，盛盤，依個人喜好撒上黑胡椒或搭配蔬菜、水果等食用。

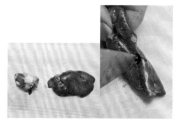

將雞肝接口部分的血塊清除乾淨，大塊對切後將其中的血塊也去除。雞心切下後去除四周的筋膜和脂肪，再對半切開，將裡面的血清乾淨。

用鮮奶油將沾附在平底鍋四周的雞肉精華全部刮下來一起煮。

💡 *POINT!*

雞腿肉和雞肝的組合，無論搭配日本酒或葡萄酒，都非常合適。

《飯類》和風咖哩丼

用雞腿肉做成的咖哩丼、
親子丼、炊飯等等，
各種人氣菜單亮麗登場！

材料（2人份）
雞腿肉……1片（約200g）
長蔥（斜切成薄片）……1/2根
香菇……2片
扁豆……8片
奶油……20g
A
高湯……2.5杯
砂糖……1小匙
味醂……2大匙
醬油……2.5匙
咖哩粉……1大匙
太白粉水……適量
白飯……丼飯2碗量

做法
1　雞肉切成一口大小。香菇去蒂頭，切薄片。
扁豆去絲，放入加鹽（材料份量外）的水中
汆燙後切小段。
2　奶油放入平底鍋中加熱，炒至雞肉出現焦痕
後，放入蔥和香菇，翻炒至變軟為止。
3　將A加入做法2的鍋子裡，煮滾後加入太白粉
水，勾出濃芡。
4　將白飯放在碗中，再倒入做法3的材料，最後
放上扁豆即可。

＊改用麵條食用也非常適合！

關西風
親子丼

材料（2人份）
雞腿肉（小）……1片（約150g）
九条蔥（斜切成薄片）……1根
香菇（切成薄片）……2片
雞蛋……2顆
A
: 高湯……1/2杯
: 味醂……2小匙
: 淡醬油……2小匙
白飯……2碗份
山椒粉……少許

做法
1 雞肉切成一口大小的薄片。
2 將A放入較小的平底鍋中，以中火翻炒雞肉、九
   条蔥和香菇。雞腿肉的皮朝下放入，注意不要把
   湯汁都煮乾。
3 雞蛋輕輕打散成蛋液，加入做法2的鍋中。開火煮
   至蛋液呈半熟狀，分兩次倒入盛好白飯的碗中。
4 最後撒上山椒粉就完成了。

   ＊若攪拌過度，會使蛋白在加熱凝固時吸收湯汁，變
   得不夠柔嫩，反而輕輕打散，在加入蛋液時蛋白會比
   蛋黃早進入鍋中，表面就會變成漂亮的蛋黃色，這也
   是輕打蛋液的好處之一。

 POINT!
醬汁中加入味醂與淡醬油。九条蔥帶來蔬菜味，最後撒上山椒粉即可。

材料（2人份）
雞腿肉（小）……1片（約150g）
長蔥（斜切成薄片）……1/2根
A
：高湯……2+2/3大匙
：味醂……2+2/3大匙
：醬油……1+1/3大匙
雞蛋……2顆
山芹菜（切成1cm長）……1/4把
白飯……2碗
碎海苔……適量

做法

1　雞肉切成一口大小的薄片。

2　將**A**放入較小的平底鍋中，以中火翻炒雞肉和蔥。將雞腿肉的皮朝下放入，注意不要把湯汁都煮乾。

3　雞蛋輕輕打散成蛋液，加入做法2的鍋中。

4　開火煮到蛋液呈半熟狀，放入山芹菜後關火。分兩次倒入盛好白飯的碗中。

5　最後放上碎海苔就完成了。

關東風
親子丼

POINT!

醬汁中加入醬油與味醂。山芹菜和長蔥帶來蔬菜味，最後放上碎海苔即可。

雞肉五目炊飯

材料（2～3人份）

米……2杯

雞腿肉……1/2片（約100g）

蒟蒻……20g

白芝麻……少許

A

　酒……2大匙

　淡醬油……2大匙

　水……1.5杯

　高湯用的昆布……5cm方形1片

B

　牛蒡（切碎）……30g

　紅蘿蔔（切碎）……20g

　香菇（切碎）……2片

做法

1　米事先浸泡30分鐘，用濾網撈起。雞肉切成一口大小。蒟蒻以滾水汆燙後切碎。將**A**混合均勻。

2　平底鍋加熱，放入雞肉炒至表面出現焦痕後關火。

3　將做法1中的米、蒟蒻、**A**，以及做法2的雞肉和**B**一起放入電鍋炊熟。盛入碗中，撒上芝麻就完成了。

 POINT!

快速煎過的雞肉和蔬菜，與調味料一起放進電鍋，按下按鈕，就可以輕鬆做出炊飯了。

雞肉茶泡飯

材料（2人份）
雞腿肉……1/2片（約100g）
A
　酒……3大匙
　砂糖……1/2大匙
　醬油……1大匙
水煮山椒……1小匙
白飯……2碗
芥末醬……少許

山芹菜（切碎）……適量
碎海苔……適量
白芝麻……適量
鹽……適量
綠茶……適量

做法
1　雞肉切成薄片。
2　雞肉和**A**先放入鍋中，再加入山椒，以小火輕炒至湯汁快要收乾。
3　將白飯各自盛入碗中，擺入做法2的雞肉，雞肉頂端放上芥末醬。再將山芹菜、碎海苔放入，撒上芝麻，最後淋上加鹽的綠茶。

 POINT!
用山椒、醬油、酒和砂糖燉煮入味的雞肉，搭上綠茶，就是大人的茶泡飯了！

笠原流
雞肉燒烤

這個雞肉燒烤，
正是我從父親手上繼承的
最高美味與技巧！
本書要教大家燒烤的
事前準備與燒烤時的訣竅，
保證讓你做出一模一樣的美味！

◎首先是事前準備

細心準備好燒烤用的雞翅、雞腿、雞肝等部位，是烤出美味雞肉燒烤的第一步。接下來為大家介紹各部位到串起來為止的準備步驟。順帶一提，笠原流的竹籤長度是13.5cm。這是從我父親那一代傳下來的最適宜長度。

雞翅

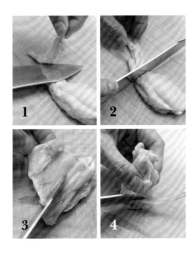

雞蔥串

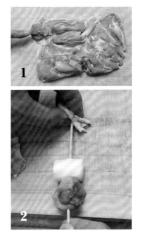

做法

1 薄薄削去沒有肉那一端骨頭上的雞皮。

2 將關節切斷。

3 沿著骨頭將肉切開。

4 將兩根骨頭下方的肉，用削的方式切下。從較小的那一端插入竹籤（竹籤不要串到肉的外面）。尖端可以稍微突出一點沒關係（參考P81）。

做法

1 將雞腿肉邊緣一塊鼓起的結實肉質部分切下來（雞腿內側肉）。

2 連皮切成一口大小。將切成3cm長的蔥段和腿肉間隔地串在竹籤上，最後串上揉成團狀的雞皮。

＊雞腿內側肉串的方式和雞腿肉一樣。

雞肝

肉丸子

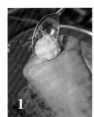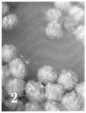

做法

1 將雞心部分切下，剝去外皮。

2 將大、小肝的結塊處全部切開，清除所有血塊。依雞心、小肝、大肝、大肝的順序串到竹籤上，最後再串上雞心。

做法

1 丸子的絞肉和P198的漢堡排絞肉的做法相同。輕輕抓起一團絞肉，以手心握緊的方式讓絞肉從拇指與食指中間擠出來，再以湯匙貼著手舀起來，輕輕放進熱水中。因為要做成串燒，丸子做小一點會比較好。

2 調整火候，讓熱水維持在未滾狀態，靜靜煮至肉丸子浮上水面後，等待一下即可撈出，放置稍為冷卻後可以串上竹籤。為了增加燒烤受熱面積，一串放3顆肉丸子。

◎接著是燒烤方法

串完竹籤後，接下來以醬料或鹽味開始燒烤。

雞肉燒烤・鹽味
雞胗、雞蔥串、雞翅

燒烤方法

1 烤爐上放好烤網，放上事前準備好的串燒，在兩面撒上適量的鹽和黑胡椒。

2 觀察爐火的強度和燒烤出來的焦痕，改變串燒的位置，烤到出現焦脆的美味焦痕就可以了。

雞肉燒烤・醬料
雞肝、純肉、雞肉丸

燒烤方法

1 準備醬料。醬油、味醂各180ml和50g砂糖一起放入鍋中，煮滾後立刻關火。

2 烤爐上放好烤網，放上事前準備好的串燒。在烤出焦痕之前，數次均勻塗上醬料，放在烤網上燒烤。等到表面出現漂亮的醬色後，再塗上一次醬料，即可盛盤。

第1章 雞胸肉 笠原流

烤里肌肉

材料（2～3人份）
梅子紫蘇……梅子肉1大匙、青紫蘇（切成細絲）2片、砂糖和醬油各少許，全部混勻。
明太子醬……辣味明太子50g、白蘿蔔泥1大匙、醬油和芝麻油各1/2小匙，全部混勻。
辣味美乃滋……辣椒醬1小匙、美乃滋2大匙，混合均勻。

＊可依個人喜好塗上適量芥末或柚子胡椒。

事前準備與燒烤方法

1　以菜刀一點一點切開切里肌肉的兩側。

2　切出筋膜時，將肉翻過來，以菜刀刀背擠壓雞肉與筋，抽出筋膜。

3　切成一口大小，將切口放在左右側，串到竹籤上。

4　烤爐上放好烤網，放上做法3的肉串，兩面輕輕撒上鹽巴，烤熟。

5　將芥末、柚子胡椒、梅子紫蘇、明太子醬和辣味美乃滋依個人喜好塗上所需的份量，還可搭配對半切開的金桔。

第 3 章 雞翅

煎烤焦香、燉煮軟嫩可口、油炸香噴多汁，
不須太多處理步驟即可以簡單完成，
這就是雞翅的風味。
料理過程中會流出很多肉汁，因此充滿濃郁美味，
能夠做極致可口的料理。
從小伴隨著我長大，一日一日精進創新的東西，
這些精髓都在接下來介紹給大家！

「笠原流」讓雞翅變美味的法則

1 煎烤

雞翅的醍醐味，就是焦脆酥香的外皮。首先
烤出香噴噴的焦痕，接著以醬料調味燒烤。
焦痕所產生的焦香與醬料的味道融合，產生
無與倫比的美味。

2 燉煮

只用水和昆布，不需要高湯，這就是雞肉料
理的好處。先將雞翅煎出焦痕後才放入燉
煮，這是我的獨門做法。燉煮的湯汁與濃香
會從焦痕處慢慢入味，雞肉會更加美味。

3 油炸

由於雞翅全部覆蓋著雞皮，水分不容易流
失，只要炸一次就能夠做出多汁又香濃的料
理。另一方面，因為雞皮覆蓋不易入味，要
先用叉子在整個雞翅上戳出小孔，便能很快
入味。訣竅就只有這一點！

4 水煮、醃漬

以水、酒、鹽和昆布水煮，等到美味完全
進入雞翅後，放入醬料中醃漬，讓美味更
完全入味。取個標題，就是「水煮、醃漬大
作戰」。這種料理方法作為下酒菜也相當合
適。

5 填充鑲料

將雞翅的骨頭拔除，在留下的空洞中填入絞
肉做成雞翅餃子。乍看之下是一道繁瑣費工
的料理，但只要掌握去除骨頭的訣竅，則是
意外地簡單，也可以填入明太子或鵪鶉蛋
等，拿去燒烤、油炸、燉煮也都是很好吃的
料理。

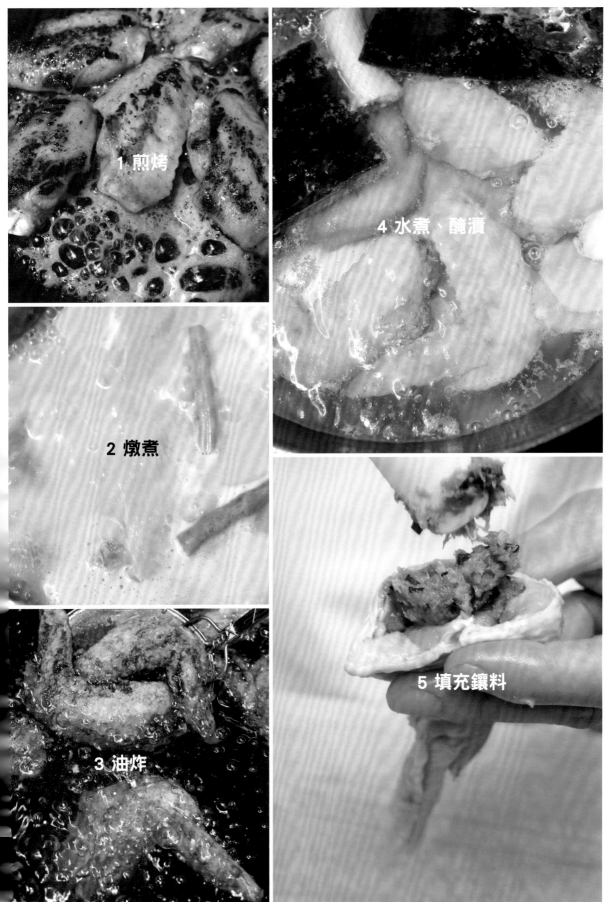

1 煎烤

2 燉煮

3 油炸

4 水煮、醃漬

5 填充鑲料

切割處理方法

我的雞翅

燒烤、燉煮、油炸、水煮等等，適合各種料理又便宜好吃的雞翅膀，必然會成為日常料理中的活用材料。稍後會教各位美味的料理方法，首先要傳授給各位的是雞翅處理方法與事前準備。只要記住這些步驟，接下來的料理就很簡單了。

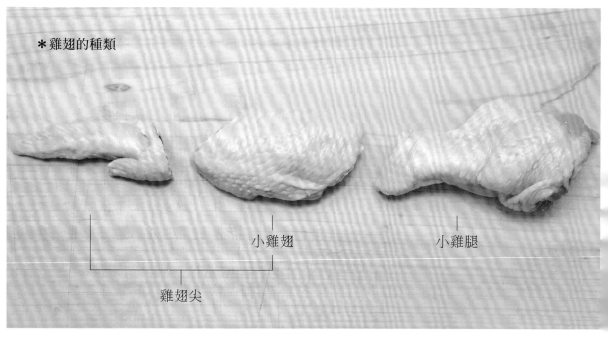

＊雞翅的種類

小雞翅　　小雞腿

雞翅尖

＊水洗

雞翅是一個被雞皮完全覆蓋的部位，多少會殘留毛根或髒汙，因此在料理前必須將表面徹底清洗一遍。在攪拌碗中放入清水，以手指輕輕摩擦清洗。洗好的雞翅用廚房紙巾擦去水分，這樣就可以了。

＊切去雞翅尖

1

抓著雞翅尖，上下轉動確認關節位置。

2

從關節處俐落下刀，將翅尖切下。

＊切開雞翅、串上竹籤

1

將皮較多的部分移到靠近自己的方向，捏起雞皮。

2

沿著骨頭上緣切開一刀。

3

切開到另一根骨頭的位置。

4

讓雞翅呈現做法4的狀態。

5

以菜刀將兩根骨頭切開分離。

6

將骨頭放在下方，沿著骨頭將肉削下。

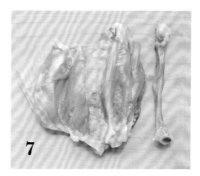

7

去除一根骨頭。

8

將已切開的雞翅串上竹籤。注意竹籤不要露出肉的表面，像縫衣服一樣的串法是訣竅。如果竹籤串到肉的外面，在使用烤網燒烤的時候，可能會從露出的部分折斷，所以要特別注意。

＊製作鑲料用的雞翅袋

1

將雞翅尖的部分往關節反方向折。

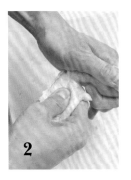

2

啪地折斷關節。

3

將雞翅較大一端的骨頭尖端部分，以菜刀從周圍的肉上削下。

4

露出骨頭。

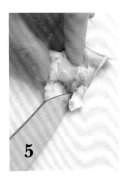

5

兩根骨頭切開分離。

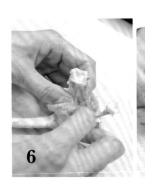

6

用手指將骨頭周圍的肉推下來，以剁的方式將骨頭抽出。從較細的那根骨頭開始，會比較容易。

7

較大根的骨頭也一樣用手指推下周圍的肉，拔出。

8

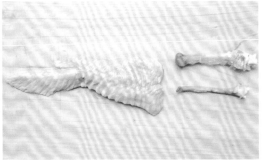

將兩根骨頭完美地剁下，雞翅就變成一個袋子狀，裡面可以鑲填材料了。

＊做成鬱金香形

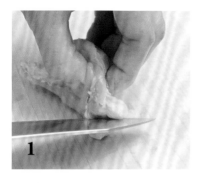

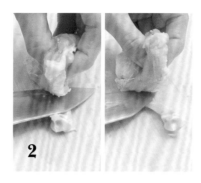

切去翅尖，先完成與P81相同的1～7順序。抓住剩下那根骨頭兩側的肉，切開一刀。

沿著骨頭輕輕滑動菜刀，將肉從骨頭上削下來。

完成。

＊煮湯汁

準備20根雞翅尖。

在鍋中放入1公升的水和5×10cm大小高湯用的昆布，酒1/2杯、鹽1小匙，再放入做法1的雞翅尖，開中火加熱。

沸騰後撈去浮沫，轉小火再煮20分鐘。

在鍋中等待冷卻，稍微散熱後將翅尖與湯過濾分開。雞湯放入密閉容器中，冷藏可保存3日，冷凍則是1個月。

《煎烤》

鹽山椒烤雞翅

首先，
確實地煎出香噴噴的焦痕，
調味的醬料會從焦痕滲入雞翅中。

材料（2人份）

雞翅……6根

A

　酒……3大匙

　味醂……1大匙

　鹽……1小匙

　山椒粉……1/2小匙

沙拉油……適量

金桔……1顆

做法

1　將雞翅尖先從關節處切掉（參考P80），用叉子在整個雞翅上戳洞。

　　＊切下來的雞翅尖可以拿來煮湯（參考P83）。

2　將A混合，按摩在做法1的雞翅上，放置10分鐘，以廚房紙巾將汁水擦乾。

3　平底鍋中放油加熱，將做法2的雞翅皮朝下放入，等到煎出焦痕後翻面，將火轉小一點，慢慢將雞翅煎熟。煎出來的油脂用廚房紙巾擦掉。

4　煮至肉看起來膨脹突出後（如果擔心中間不知道有沒有熟，可以將鍋子從爐火上移下來，蓋上鍋蓋稍微等一下），加入剩下的A，將火稍微轉大後翻炒雞翅。

5　將做法4盛盤，可以放上花椒葉以及對半切開的金桔。

鹽麴烤雞翅

材料（2人份）

雞翅……6根

A
: 鹽麴……4大匙
: 味醂……1大匙
: 薑泥……1/2小匙

小黃瓜……1根

B
: 芝麻油……1大匙
: 鹽……1/3小匙
: 辣椒粉……少許

沙拉油……適量

日本大葉……4片

做法

1　將雞翅尖先從關節處切掉（參考P80），用叉子在整個雞翅上戳洞。

2　將**A**混合，按摩在做法1的雞翅上，靜置20分鐘，以廚房紙巾將汁水擦乾。

3　小黃瓜用擀麵棍敲打後，切成一口大小，和**B**攪拌均勻。

4　平底鍋中放油加熱，將做法2的雞翅皮朝下放入，等到煎出焦痕後翻面，將火轉小一點，慢慢將雞翅煎熟。煎出來的油脂用廚房紙巾擦掉。

5　煮到肉看起來膨脹突出後即可（如果擔心中間不知道有沒有熟，可以將鍋子從爐火上移下來，蓋上鍋蓋稍微等一下）。

6　在盤子上鋪好日本大葉，做法5的雞翅盛盤，再放入做法3的小黃瓜。

 POINT!

鹽麴可以讓雞肉變軟嫩，薑泥則是點睛提味！

材料（2人份）
雞翅……6根
A
：酒……2大匙
：味醂……2大匙
：醬油……2大匙
：砂糖……1小匙
香菇……4片
沙拉油……適量
白蘿蔔泥……適量

做法

1 將雞翅尖先從關節處切掉（參考P80），用叉子在整個雞翅上戳洞。

2 將**A**混合，按摩在做法1的雞翅上，靜置10分鐘，以廚房紙巾將汁水擦乾。

3 香菇切去蒂頭，對半切開。

4 平底鍋中放油加熱，將做法2的雞翅皮朝下放入，等到煎出焦痕後翻面，將火轉小一點，慢慢將雞翅煎熟。放入做法3的香菇，一起炒熟。煎出來的油脂用廚房紙巾擦掉。

5 煮到肉看起來膨脹突出後（如果擔心中間不知道有沒有熟，可以將鍋子從爐火上移下來，蓋上鍋蓋稍微等一下），加入剩下的**A**，將火稍微轉大後翻炒雞翅。

6 盛盤，加上白蘿蔔泥就完成了。

醬烤雞翅

 POINT!
雖然是經典菜色但一點也不難。這是我所發現的黃金醬燒比例，一定要學起來哦！

醬燒蔥味噌雞翅

材料（2人份）

雞翅……6根

長蔥（切成碎丁）……1根

A

　酒……3大匙

　味醂……3大匙

　味噌……2大匙

沙拉油……適量

高麗菜（切成細絲）……1/6顆

辣椒粉……少許

做法

1　將蔥花和**A**混合。

2　將雞翅尖先從關節處切掉（參考P80），用叉子在整個雞翅上截洞。

3　將做法2放入做法1的醬料中醃漬10分鐘，以廚房紙巾將汁水擦乾。

4　平底鍋中放油加熱，將做法3的雞翅皮朝下放入，等到煎出焦痕後翻面，將火轉小一點，慢慢將雞翅煎熟。煎出來的油脂用廚房紙巾擦掉。

5　煮到肉看起來膨脹突出後（如果擔心中間不知道有沒有熟，可以將鍋子從爐火上移下來，蓋上鍋蓋稍微等一下），加入做法3剩下的醬汁，將火稍微轉大後翻炒雞翅。

6　在盤子裡放上高麗菜絲，再盛上做法5的雞翅、撒上辣椒粉就完成了。

將雞翅浸入於蔥味味噌醬裡，讓蔥均勻地沾在雞翅上，使雞翅全部入味。

 POINT!

加入整整1根長蔥的味噌醬汁，是滲入雞皮的絕妙美味！

材料（2人份）
雞翅……6根
鹽、柚子胡椒……各少許
檸檬（切成半月形）……1片

做法
1 將雞翅尖先從關節處切掉（參考P80），
　用竹籤串起來（參考P81）。
2 在做法1的表面撒上鹽。
3 將做法2的雞翅放入鍋中，把兩面煎至出
　現焦痕。
4 盛盤，加上檸檬和柚子胡椒即可。

燒烤店風格串燒

 POINT!
在家裡製作烤雞翅。只要撒上鹽，單純煎烤就已是最高級的美味幸福。

紅燒雞肉

材料（2人份）

小雞腿、雞翅……各4根
紅洋蔥（滾刀切成小塊）……1/4顆
檸檬（切成半月形）……1/4顆

A
優格……100g
檸檬汁……1顆份
咖哩粉……2小匙
薑泥……1小匙
蒜泥……1小匙
辣椒粉……1/2小匙
醬油……1大匙
番茄醬……1大匙

B
醋……2大匙
砂糖……1小匙
粗黑胡椒粉……少許
沙拉油……1大匙

做法

1　用叉子在雞翅表面戳出數個孔。

2　將**A**混合後醃漬做法1的雞翅，放入冰箱靜置1晚。

3　將紅洋蔥放入攪拌碗中，加入**B**混勻。

4　以廚房紙巾將做法2上的汁水擦乾。

5　烤模內鋪上烘焙紙，放入做法4的雞翅，以上下火200°C烤約20分鐘，中途10分鐘要翻面一次。

6　將做法5盛盤，加上檸檬和做法3的洋蔥。如果有的話，可放些西洋芹。

以優格加咖哩粉、蒜頭和薑所做成的醬料醃漬1晚，讓雞翅徹底入味，接著只要烤熟即可。

POINT!
調味料中加入醬油與番茄醬，這就是我的紅燒雞肉，十分美味哦！

烤雞肉風

材料（2～3人份）

雞翅、小雞腿……各4根
馬鈴薯……2顆
A
蒜頭（切成碎丁）……1瓣
迷迭香（切成碎丁）……2枝
橄欖油……2大匙
粗黑胡椒粉……1/2小匙
鹽……適量
檸檬（切成瓣）……1/2顆

做法

1 馬鈴薯連皮一起仔細洗淨，放入加少許鹽的滾水中，煮至竹籤能夠輕鬆穿過。

2 用叉子在雞翅上戳孔，加少許鹽並混合均勻的**A**按摩後放置30分鐘。

3 平底鍋中不加油，放入做法2的雞翅，開中火～小火的火量（隨時調整火量）煎至全部出現焦色（煎的過程中，如果擔心中間有沒有熟，可以蓋上鍋蓋煎）。

4 將做法1的馬鈴薯切成一口大小，放入做法3的平底鍋中，和雞翅一起煎熟。

5 將做法4的材料盛盤，加上檸檬。如果有西洋菜的話，可以加入。

為了讓煎好的雞翅只要淋上檸檬就可以完成調味，前提之下要將調味料醃漬入味。

💡 *POINT!*

平底鍋就可以完成的烤雞肉，很適合聖誕節享用！

檸檬奶油烤雞翅

材料（2人份）

雞翅……6根
鹽……少許
低筋麵粉……適量
沙拉油……適量
檸檬……1顆
白酒……2大匙
奶油……15g
粗黑胡椒粉……適量

做法

1 將雞翅尖先從關節處切掉（參考P80），撒上鹽再抹上低筋麵粉。半顆檸檬切成片，另外半顆放置備用。

2 平底鍋中放油加熱，將做法1的雞翅皮朝下煎熟，做法1的檸檬也放進鍋中煎。

3 煎到做法2的雞翅兩面都出現焦痕後，加入白酒和奶油翻炒。

4 完成後淋上做法1剩下的檸檬汁，盛盤，撒上黑胡椒。

💡 POINT!

以檸檬、白酒和奶油帶出雞肉的美味，只需這樣就夠了！

BBQ醬烤雞翅

材料（2～3人份）

雞翅、小雞腿⋯⋯各4根
紅甜椒⋯⋯1顆
玉米⋯⋯1根
沙拉油⋯⋯適量
A
 酒⋯⋯2大匙
 醬油⋯⋯2大匙
 味醂⋯⋯2大匙
 番茄醬⋯⋯1大匙
 蜂蜜⋯⋯1大匙
 蒜泥⋯⋯1/2小匙
 洋蔥泥⋯⋯1大匙
鹽、粗黑胡椒粉⋯⋯各少許

做法

1　將雞翅尖先從關節處切掉（參考P80）。
　　紅甜椒去蒂頭去籽，切成一口大小。玉
　　米也切成差不多的大小。

2　平底鍋中放油加熱，煎做法1的材料。
　　當紅甜椒和玉米煎出美味的焦痕且熟透
　　後，撒上鹽和胡椒，從鍋中取出。

3　雞翅兩面煎出焦痕後，加入**A**翻炒。

4　將做法3和做法2的紅甜椒、玉米盛盤。

 POINT!

BBQ醬的味道，將假日的幸福空氣與美味結合了！

卡滋卡滋麵包粉烤雞翅

材料（2人份）

雞翅……6根

A
　麵包粉……4大匙
　蒜頭（切成碎丁）……1大匙
　鯷魚（切成碎丁）……1大匙
　橄欖油……2大匙
　奶油……15g
西洋芹（切成碎丁）……1大匙
鹽……少許
低筋麵粉……適量
沙拉油……適量
番茄（切成瓣）……1顆

做法

1　在冷的平底鍋中放入**A**，以小火翻炒至完全呈焦褐色後從鍋中取出，加入西洋芹混合均勻。

2　將雞翅尖先從關節處切掉（參考P80），撒上鹽再均勻抹上低筋麵粉。

3　平底鍋中放油加熱，將做法2的雞翅煎出焦痕後翻面，將火稍微轉弱，繼續煎到內裡完全熟透，同時表面也出現美味的焦痕。

4　將做法3盛盤，撒上做法1的麵包粉後加入番茄就完成了。

 POINT!

多汁的雞皮搭配加了鯷魚＆蒜頭風味的鬆脆麵包粉，創造出一種節奏感！

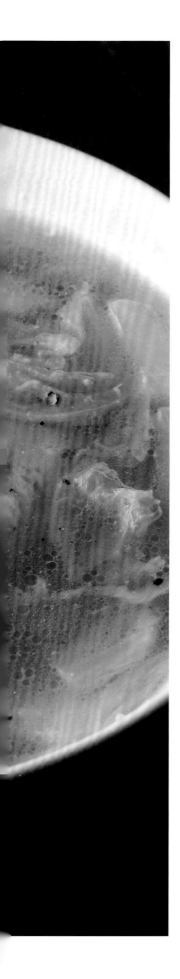

《燉煮》
白菜燉雞翅

幾乎只使用水和雞肉燉煮，就有如此美妙的味道，
這就是雞翅所能創造出的技巧。
請享用這濃醇的香味。

材料（2〜3人份）
雞翅……6根
白菜（切成塊狀）……1/4顆
A
  水……3杯
  酒……1/2杯
  淡醬油、醬油……各1大匙
  高湯用的昆布……5×10cm方形1片
鹽、粗黑胡椒粉……各少許
芝麻油……1大匙
嫩蔥（切成細珠）……適量

做法
1　將雞翅尖先從關節處切掉（參考P80）。
2　平底鍋中放油加熱，不要沸騰，加入做
　　法1煎至皮出現焦痕。
3　將做法2的雞翅、白菜和**A**放入鍋中，開
　　火煮滾後轉小火再燉20分鐘。撒上鹽、
　　胡椒調整味道，再淋上提香的芝麻油。
4　盛盤後撒上蔥花。

柚子白味噌
小芋頭燉雞翅

材料（2～3人份）

雞翅……6根
小芋頭……6顆
四季豆……6根
A
 水……3杯
 白味噌……3大匙
 淡醬油……1大匙
 味醂……1大匙
 高湯用昆布……5×10cm方形
 　　　　　　　　　　1片
柚子皮（切細絲）……1/4顆份

做法

1　小芋頭去皮後快速洗過，切成一口大小。將雞翅尖先從關節處切掉（參考P80）。四季豆切成方便食用的大小。

2　將做法1的小芋頭和雞翅、**A**放入鍋中，開火沸騰後撈去浮沫，轉小火並在鍋中蓋上一張鋁箔紙，再燉煮20分鐘。

3　在做法2中加入四季豆，煮約3分鐘。

4　裝進碗中，撒上柚子皮就完成了。

轉小火並在鍋內加上一層蓋子，可以讓食材在短時間內入味。鍋內蓋只要一張裁成鍋口大小的鋁箔紙即可。

 POINT!

雞翅和小芋頭濃厚的味道，搭上白味噌與柚子慢慢燉煮。

雞翅黑輪

材料（2～3人份）
雞翅……6根
白蘿蔔……300g
（切成3cm厚的半月形）
蒟蒻（切成三角形）……100g
油豆腐……1塊
竹輪……1條
海帶結……6條
水煮蛋……2顆
A
　水……7.5杯
　淡醬油……5大匙
　味醂……5大匙
　高湯用的昆布……5×10cm方形1片

做法
1　白蘿蔔汆燙至竹籤可以輕鬆穿過的程度。蒟蒻用滾水汆燙。油豆腐切成方便食用的大小，放入滾水中快速汆燙。竹輪切成方便食用的大小。
2　將雞翅尖先從關節處切掉（參考P80）。
3　平底鍋中放油加熱，不要沸騰，放入做法2的雞肉煎出焦痕。
4　將做法1、3和海帶結、水煮蛋放入鍋中，開火煮滾後轉小火再燉30分鐘。
5　盛盤，可依個人喜好加上芥末醬。

💡 POINT!
只要有雞翅和昆布，就不需要高湯了。味道就全部交給它們！

材料（2～3人份）

雞翅……6根
牛蒡……1根
芝麻油……1大匙
A
: 水……3杯
: 醬油……2大匙
: 味醂……2大匙
: 砂糖……1大匙
: 高湯用的昆布……5×10cm方
　　　　　　　　　　　　　形1片
: 白芝麻……3大匙
山芹菜（切碎）……3片

做法

1　牛蒡徹底洗淨，滾刀切塊。鍋中放入牛蒡和淹過
　　牛蒡的水，開火煮滾後再滾5分鐘，以濾網撈起來
　　備用。

2　取較深的平底鍋放油加熱，將雞翅煎出焦痕後加
　　入做法1的牛蒡，翻炒至均勻沾滿油。

3　將**A**加入做法2中，煮滾後轉小火。蓋上鋁箔紙，
　　再燉煮20分鐘。

4　盛盤，放上山芹菜即可。

雞翅牛蒡
利休煮

POINT!

大量的白芝麻與牛蒡，搭配上雞翅的鮮美，就是這道料理的美味祕訣。

雞翅蓮藕南蠻煮

材料（2～3人份）

雞翅……6根
蓮藕……150g
青辣椒……6根
沙拉油……1大匙
A
┊ 水……3杯
┊ 醬油……2大匙
┊ 味醂……2大匙
┊ 醋……3大匙
┊ 砂糖……1大匙
┊ 高湯用的昆布……5×10cm方形1片
辣椒粉……少許

做法

1　將雞翅尖先從關節處切掉（參考P80）。蓮藕去皮，切成1cm厚的半月形。

2　取較深的平底鍋放油加熱，將雞翅煎出焦痕後加入蓮藕，翻炒至均勻沾滿油。

3　將**A**加入做法2的鍋中，煮滾後轉小火。蓋上鋁箔紙，再燉煮20分鐘。

4　在做法3的鍋中加入青辣椒，煮3分鐘。

5　盛盤後，撒上辣椒粉。

 POINT!

將雞翅的香味與蓮藕爽脆的口感，用帶著酸甜味的醬汁一起燉煮。

雞翅馬鈴薯

材料（2～3人份）
雞翅……6根
馬鈴薯（切大塊）……2顆
紅蘿蔔（切塊）……1/2根
洋蔥（切半圓形）……1/2顆
扁豆……6根
沙拉油……1大匙
A
水……1.5杯
酒……1/2杯
砂糖……2大匙
醬油……2.5大匙
高湯用的昆布……5×10cm方形1片

做法
1　將雞翅尖先從關節處切掉（參考P80）。
　　扁豆去蒂頭去絲。
2　平底鍋中放油加熱，將雞翅煎出焦痕後
　　放入馬鈴薯、紅蘿蔔和洋蔥，一起翻炒
　　均勻。
3　當蔬菜炒到變軟時加入**A**，煮滾後轉小
　　火，蓋上鋁箔紙，煮約10分鐘，最後加
　　入扁豆再煮5分鐘。

POINT!
雞翅和蔬菜類煎出美味的焦痕後再進行燉煮，確實能夠入味。雞翅的美味食感也大大提升。

入口即化
蒜頭燉雞翅

材料（2～3人份）

雞翅、小雞腿……各4根

蒜頭……2顆

長蔥（斜切成薄片）……1根

A

水……4杯

酒……1/2杯

高湯用的昆布……5×10cm方
形1片

鹽……1/2大匙

粗黑胡椒粉……少許

做法

1　將雞翅尖先從關節處切掉（參考P80）。
　　蒜頭一瓣一瓣剝開並去皮。

2　將做法1的雞翅和小雞腿、蒜頭、長蔥、
　　A放入鍋中，開火煮滾後轉小火，蓋上鋁
　　箔紙，再燉煮1小時。

3　盛盤，撒上黑胡椒即可。

 POINT!

將雞翅的皮、蒜頭、長蔥等各種入口即化的口感混合在湯汁，就是極致的美味！

材料（2～3人份）
雞翅……8根
A
┊可樂……2.5杯
┊醬油……1/4杯
萵苣……適量
（撕成方便食用的大小）
粗黑胡椒粉……少許

做法
1 取較深的平底鍋放油，注意不要沸騰，
　再放入雞翅煎到全部出現焦痕。
2 將A加入做法1中，煮滾後轉小火。蓋上
　鋁箔紙，燉煮至湯汁快要收乾。
3 盛盤，放入萵苣及雞翅，再撒上黑胡椒
　即可。

可樂雞翅

 POINT!
燉煮的醬汁只有可樂和醬油，意想不到的甜鹹味，好吃程度也讓人留連忘返。

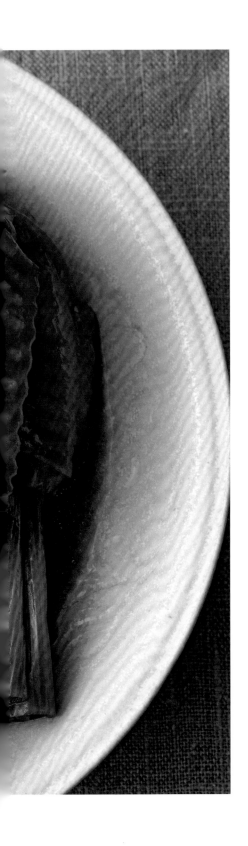

蠔油燉長蔥雞翅

材料（2～3人份）
長蔥（切成5cm一段）……4根
A
　水……1杯
　酒……1/2杯
　醬油……3大匙
　蠔油……2大匙

做法
1　將雞翅尖先從關節處切掉（參考P80）。
2　將長蔥排列地放入鍋中，雞翅放在蔥
　　上，再加入**A**，開火煮滾後轉小火。蓋上
　　鋁箔紙，燉煮40分鐘。

 POINT!
長蔥會吸收雞翅的鮮味，而雞翅會徹底吸收蠔油，美味更全面。
這樣的美味只要一道工序就可以完成了，我還真厲害！

韓風泡菜雞翅火鍋

材料（2～3人份）

雞翅……6根
韭菜……1/2把
木棉豆腐……300g
香菇（切成薄片）……3片
長蔥（切成薄片）……1根
泡菜（切碎）……150g
A
: 水……5杯
: 醬油……2大匙
: 味醂……2大匙
: 味噌……3大匙
: 砂糖……1大匙
: 苦椒醬……1大匙
: 小魚乾高湯……5g

做法

1 韭菜切成5cm長，豆腐切成方便食用的大
   小。
2 將**A**放入鍋中，開火煮滾後加入雞翅和蔬
   菜，再次煮滾後繼續燉10分鐘。
3 做法2中加入豆腐和泡菜，稍微煮一下。

 POINT!
雞翅和小魚乾高湯的組合，創造了極致的美味！
讓人連湯汁都忍不住想喝完！

番茄燉
甜椒雞翅

材料（2～3人份）

小雞腿……6根

沙拉油……1大匙

紅甜椒、黃甜椒（滾刀切）……各1顆

洋蔥（滾刀切）……1/2顆

鹽、粗黑胡椒粉……各適量

A

水……1杯

醬油……1大匙

味醂……1大匙

高湯用的昆布……5×10cm方形1片

番茄（水煮罐頭）……1罐（約400g）

做法

1　在雞翅表面抹上少量鹽。

2　取較深的平底鍋放油加熱，將雞翅煎出焦痕後加入甜椒以及洋蔥，撒些鹽翻炒均勻。

3　等到做法2的蔬菜炒軟後，加入**A**。煮滾後撈去浮沫，轉小火再燉20分鐘。用鹽調味，撒上黑胡椒就完成了。

 POINT!

用高湯昆布和番茄燉雞翅，是非常適合葡萄酒的一道料理。

奶油菇菇燉雞翅

材料（2～3人份）

小雞腿……6根
鹽……適量
鴻喜菇……1包
金針菇……1包
香菇……4片
洋蔥……1/2顆
（切成薄片）
沙拉油……1大匙
奶油……1大匙
低筋麵粉……2大匙

A
水……1.5杯
牛奶……1.5杯
淡醬油……2大匙
味醂……2大匙
高湯用昆布……5×10cm方
　　　　　　　　形1片
西洋芹（切碎）……少許

做法

1　雞翅均勻抹上少許鹽。鴻喜菇和金針
　　菇切去根部，用手剝散。香菇切去蒂
　　頭後，切成方便食用的大小。

2　取較深的平底鍋放油後熱，將雞翅煎
　　出焦痕後放入做法1的菇類和洋蔥，
　　撒些鹽再翻炒。

3　當菇類炒到變軟時，加入奶油與低筋
　　麵粉，繼續翻炒至麵粉塊完全散開。

4　將A加入做法3中，煮滾後轉小火再
　　燉20分鐘。加鹽調味，盛盤後撒上西
　　洋芹即可。

 POINT!
在奶油燉雞翅中使用淡醬油和高湯用的昆布，也是我流派獨有的做法。

《炸》
經典醬油炸雞

將覆蓋滿皮的雞翅，
先確實調味後再拿去炸！
如此一來就能多汁又夠味。

材料（2人份）

雞翅……6根
打散的蛋液……1/2顆份
低筋麵粉……1大匙
太白粉……適量
A
┊醬油……1.5大匙
┊味醂……1.5大匙
┊粗黑胡椒粉……少許
油……適量
檸檬（切成半月形）……1片

做法

1　用叉子在整個雞皮上戳孔。

2　將做法1和**A**依序放入攪拌碗中，每放入一樣材料就要徹底按摩5分鐘。

3　在做法2的攪拌碗加入打散的蛋液，同樣徹底按摩。

4　在做法3的攪拌碗加入低筋麵粉，繼續按摩。

5　在做法4的雞翅抹上太白粉，放入170°C的油中炸約6分鐘，等到表皮變得焦脆且呈金褐色即可。

6　盛盤後放上檸檬片。

一樣一樣地加入調味料並按摩，可以讓雞翅確實入味。調味完成後使用低筋麵粉，可以將肉的每一處裹好，再抹上太白粉，提升油炸後外皮的酥脆度。

材料（2人份）

小雞腿、雞翅……各4根
油……適量

A

: 水……5杯
: 酒……1/2杯
: 鹽……1大匙

B

: 牛奶……130ml
: 雞蛋……1顆
: 太白粉……2大匙

C

: 低筋麵粉……200g
: 高筋麵粉……3大匙
: 鹽……2小匙
: 胡椒……1/4小匙
: 粗黑胡椒粉……1/2小匙
: 大蒜粉……1小匙
: 薑粉……1/3小匙
: 鼠尾草、百里香、肉豆蔻、奧勒岡
: 葉、羅勒（乾燥粉末）……各1/5小匙

做法

1 將雞翅和**A**放入鍋中，煮沸後轉小火熬煮約30分鐘，關火，放置鍋中冷卻至常溫。

2 將**B**混合均勻。使用刮刀將**C**大致混合均勻，再以攪拌器仔細徹底混合。

3 將做法1的雞翅用廚房紙巾擦乾，在**B**裡沾取後，再裹上**C**。將多餘的粉末輕輕拍落。

4 將做法3的雞翅放入170°C的油中炸約3分鐘，直至變焦脆即可。

美味的祕密，就在混合低筋麵粉和高筋麵粉的麵衣裡加入的9種香料！使用粉末狀香料，會更加入味。

 POINT!

煮過後裹上9種香料，再搭配低筋麵粉與高筋麵粉混合的麵衣放入油炸，是雙重調理法。

材料（2人份）

小雞腿……6根

A
：醬油……1大匙
：咖哩粉……1大匙
：牛奶……2大匙
低筋麵粉……1大匙
太白粉……適量
油……適量
蘆筍……2根

做法

1　用叉子在整個雞翅上戳孔。

2　將做法1和**A**放入攪拌碗中，徹底按摩5分鐘。

3　在做法2的攪拌碗加入低筋麵粉。

4　在做法3的雞翅裹上太白粉，放入170°C的油中炸約6分鐘，直至表皮變得焦脆且呈金褐色即可。

5　蘆筍切成方便食用的大小，直接放入鍋中油炸。

咖哩風味龍田炸雞

 POINT!

在調味的醬油與咖哩粉中加入牛奶，能夠讓味道變得柔和順口。

名古屋風
炸雞翅

材料（2人份）

雞翅……8根

A

酒……2大匙

鹽……1小匙

B

酒……4大匙

醬油……4大匙

味醂……4大匙

醋……2大匙

砂糖……1大匙

薑泥……1小匙

蒜泥……1小匙

太白粉……適量

油……適量

粗黑胡椒粉……適量

白芝麻……適量

高麗菜（切成細絲）……適量

西洋芹……適量

做法

1 將雞翅尖先從關節處切掉（參考P80）。用叉子在整個雞翅上戳孔。

2 將雞翅以**A**的酒和鹽抓拌醃漬，再用廚房紙巾將汁水輕輕擦掉。

3 在做法2的雞翅裹上厚厚的太白粉。

4 放入180℃的油中炸約4～5分鐘，直至整體變得酥脆且呈金褐色即可。

5 將**B**放入小鍋中混合，開火煮至快滾時，不停地攪拌讓醬料呈少許黏稠狀。

6 將做法5的醬料塗在剛炸好的雞翅上，撒入胡椒和芝麻。盛盤後加入高麗菜絲和山芹菜就完成了。

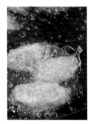

由於雞翅被雞皮完整覆蓋，所以不需要像腿肉一樣油炸2次。當雞翅四周的泡泡變小、浮到表面且呈金褐色時即代表炸好了。

 POINT!

說到炸雞翅就會想到名古屋呀！酥酥脆脆剛炸好的雞翅，刷上充滿醋味的醬料，就是我流派的——名古屋風炸雞翅。

鬱金香形
炸雞

材料（2人份）

雞翅……6根

低筋麵粉、麵包粉……各適量

打散的蛋液……1顆份

牛奶……1大匙

A

　酒……3大匙

　味醂……2大匙

B

　伍斯特醬、中濃醬……各1/2杯

　醬油……3大匙

油……適量

高麗菜（切成塊）……1/6顆

芥末醬……少許

做法

1　將雞翅尖先從關節處切掉（參考P80），
　　做成鬱金香狀（參考P83）。

2　蛋液與牛奶混合均勻。

3　將**A**放入小鍋中，煮滾後關火，直接放置
　　於稍微冷卻後，加入**B**混合均勻。

4　將雞翅依序裹上低筋麵粉、做法2和麵包
　　粉，放入170°C的油中炸至表皮呈金褐
　　色，約4～5分鐘。

5　將做法4的炸雞和高麗菜盛盤，加上芥末
　　醬，沾做法3的醬汁食用。

為了讓裹麵衣時能夠單手快速作
業，建議先將材料依序排好。在
沾取麵包粉時，注意不要捏握過
度，否則無法炸得又酥又脆。

💡 POINT!

鬱金香形的製作方法請看P83分割處理方法。伍斯特醬搭
配辣椒粉一起食用，就是這道料理的價值所在。

鬱金香形
炸貝涅餅

材料（2人份）

雞翅……6根

A

低筋麵粉……60g

啤酒……1/2杯

鹽……1/3小匙

起司粉……1大匙

粗黑胡椒粉……少許

小番茄（去蒂頭）……6顆

油……適量

檸檬（切成半月形）……1/4顆

做法

1　將雞翅尖先從關節處切掉（參考 P80），做成鬱金香狀（參考P83）。

2　將**A**混合，做成麵衣。

3　雞翅、小番茄沾裹上麵衣，放入 170°C的油中炸4～5分鐘。

4　盛盤，搭配檸檬。

 POINT!

在低筋麵粉中加啤酒會產生膨鬆感，讓麵衣增量。擠上檸檬，簡單的一道料理就完成了。

材料（2人份）

雞翅……6根
鹽……少許

A

∵白芝麻、黑芝麻……各3大匙

B

∵味噌……1大匙
∵味醂……1大匙
∵長蔥（切碎）……1大匙

蛋白液……1顆份
低筋麵粉……適量
油炸用油……適量
辣椒粉……少許

做法

1 將雞翅尖先從關節處切掉（參考 P80），做成鬱金香狀（參考P83）。

2 將**A**混合。雞蛋的蛋白與蛋黃分開，將**B**與蛋黃混合均勻成醬汁。

3 將雞翅依序裹上低筋麵粉、蛋白液以及**A**，放入170°C的油中炸4～5分鐘。放入油鍋後就不要再翻動它。

4 盛盤，加入**B**的醬汁，再撒上辣椒粉就完成了。

鬱金香形
黑白芝麻炸

 POINT!

不僅有低筋麵粉搭配蛋白的爽脆感，還有兩種芝麻的啵啵口感！

油淋雞風炸雞

材料（2人份）

雞翅……6根

A
: 醬油……1大匙
: 酒……1大匙
: 粗黑胡椒粉……少許

B
: 醋……3大匙
: 醬油……3大匙
: 砂糖……2大匙
: 芝麻油……2大匙

C
: 長蔥（切碎）……1/2根
: 蒜頭（切碎）……1瓣
: 薑（切碎）……10g

太白粉……適量

油……適量

蘿蔔嫩芽……1/2包

辣椒粉……少許

做法

1　用叉子在整個雞皮上戳孔。

2　將做法1和**A**放入攪拌碗中，徹底按摩後放置5分鐘。

3　將**B**和**C**放入較小的攪拌碗中，混合均勻。

4　將雞翅裹上太白粉，放入170°C的油中炸約6分鐘，當表皮變得脆硬且呈金褐色即代表完成。

5　蘿蔔嫩芽鋪在容器底部，將炸好的雞翅盛盤。淋上做法3的醬料，撒上辣椒粉。

POINT!

酥脆就是炸的精髓，再搭配有濃濃長蔥與蒜頭香的淋醬。

材料（2人份）

雞翅……6根
太白粉……適量
油……適量
太白粉水……適量

A
醬油……1大匙
味醂……1大匙
粗黑胡椒粉……少許

B
洋蔥……1/4顆
青椒……1顆
紅甜椒……1/4顆
黃甜椒……1/4顆

C
芝麻油……1大匙
鹽……3指抓1小撮

D
杏桃醬（市售品）……100g
酒……2大匙
醬油……2大匙
醋……2大匙
水……2大匙

做法

1 用叉子在整個雞翅上戳孔。

2 將做法1和**A**放進攪拌碗中，徹底按摩後放置5分鐘。

3 將**B**的蔬菜去蒂頭去籽，切成細丁後與**C**混合。

4 將雞翅裹上太白粉，放入170°C的油中炸6分鐘，當表皮變得脆硬且呈金褐色即可。

5 將**D**放入鍋中，開火煮滾後加入太白粉水勾芡。

6 將做法3鋪在盤子上，盛入做法4的炸雞翅，再淋上做法5的醬汁。

 POINT!

確實醃漬入味的炸雞，搭配上酸酸甜甜的杏桃醬，極為美味。

香辣沾粉炸雞

材料（2人份）

雞翅……6根

A

　酒……1.5大匙

　蒜泥……1/2小匙

太白粉……適量

油……適量

B

　細辣椒粉……1/2小匙

　鹽……1/2小匙

　砂糖……1/2小匙

　胡椒……1/2小匙

做法

1　用叉子在整個雞翅上戳孔。

2　將做法1的雞翅和**A**放入攪拌碗中，徹底按摩後放置5分鐘。

3　將雞翅裹上太白粉，放入170°C的油中炸約6分鐘，直到表面變得脆硬且呈金褐色即可。

4　另取一個攪拌碗，放入**B**混合均勻，再將炸好的雞翅放入沾裹。

 POINT!

醃料中的蒜泥，能夠增加辣椒粉的衝擊性！

材料（2人份）
雞翅……6根
A
:酒……1.5大匙
:薑泥……1小匙
太白粉……適量
油……適量
B
:海苔粉……1大匙
:鹽……1/2小匙
:粗黑胡椒粉……少許

做法
1 用叉子在整個雞翅上戳孔。
2 將做法1的雞翅和**A**放入攪拌碗中，徹底按摩後放置5分鐘。
3 將雞翅裹上太白粉，放入170°C的油中炸約6分鐘，直到表面變得脆硬且呈金褐色即可。
4 另取一個攪拌碗，放入**B**混合均勻，再將炸好的雞翅放入沾裹。

海苔鹽沾粉炸雞

POINT!
將最喜歡的洋芋片口味，重現在雞翅炸雞上。

中華風裸炸炸雞

材料（2人份）
雞翅……6根
鹽……少許
蜂蜜……2大匙
油……適量
A
⋮ 山椒粉……1小匙
⋮ 鹽……1大匙
檸檬（切成半月形）……1/4顆份

做法

1 雞翅撒上鹽，徹底按摩。

2 煮一鍋滾水，將做法1放入鍋中，煮到外皮緊繃膨脹。

3 取出，將雞翅表面的水以廚房紙巾擦乾，整體均勻抹上蜂蜜。

4 將做法3的雞翅用竹籤串起來，放在通風處吊放晾乾30分鐘～1小時。

5 將做法4的竹籤取下，直接放入170℃的油中裸炸約6分鐘。

6 將做法5盛盤，加上混合好的**A**和檸檬片即可。

為了讓表皮能夠呈現美味的糖色，要確實地將蜂蜜按摩揉捏進皮中。

吊放在通風良好的地方，讓表面徹底風乾，就能鎖住美味。

POINT!

融入蜂蜜味呈現糖色的香脆外皮，是最高的美味。
撒上山椒鹽再擠上檸檬，請享用！

水煮雞翅

《水煮、醃漬》

以水、酒、鹽和昆布來煮，
讓美味確實鎖在雞翅中，
接著放入醃料中醃漬，
更進一步讓風味融入肉中的
「水煮、醃漬大作戰」。
這是最適合下酒的料理！
用手直接抓食，
無可置疑會帶來更多的美味！

材料（2人份）

雞翅……6根

長蔥（隨意切段）……1/2根

薑（切成薄片）……5g

蒜頭……1瓣

A

水……5杯

酒……1/2杯

鹽……1小匙

高湯用的昆布……10cm方形1片

B

醬油……2大匙

味醂……1大匙

胡椒……1/2小匙

做法

1 用菜刀將蒜頭拍碎。

2 將雞翅、長蔥、薑、蒜頭和**A**放入鍋中，煮滾後撈去浮沫轉小火，再煮20分鐘關火，直接浸泡在煮汁中放置冷卻。

3 將做法2雞翅上的湯汁用廚房紙巾擦掉，以**B**徹底按摩。從尾端插上竹籤，放置於通風良好處一陣子，讓表面完全風乾即可食用。

五藏小山風水煮雞翅

 POINT!

水煮、醃漬的最基本款！

烏醋香
漬水煮雞翅

材料（2人份）

雞翅……6根

A

　水……5杯

　酒……1/2杯

　鹽……1小匙

　高湯用的昆布……10cm方形1片

B

　紹興酒、酒……各1大匙

　烏醋……2大匙

　醬油……3大匙

　砂糖……2.5大匙

　煮汁……3大匙

長蔥（切成碎丁）……1/2根

八角……1個

月桂葉……2片

朝天椒……2根

做法

1　將雞翅和**A**放入鍋中，煮滾後撈去浮沫轉小火，再煮20分鐘關火，直接浸泡在煮汁中放置冷卻。

2　將做法1雞翅上的湯汁用廚房紙巾擦掉。

3　取較深的容器放入**B**、長蔥、八角、月桂葉、朝天椒，攪拌均勻後加入做法2的雞翅。蓋上保鮮膜或鍋蓋，放入冰箱醃漬半天就可以享用，約可保存5天。

 POINT!

將高湯用的昆布與酒煮過的雞翅，再以烏醋與紹興酒醃漬半天，美食完成！

蜂蜜檸檬水煮雞翅

材料（2人份）
雞翅……6根
檸檬……1顆
A
水……5杯
酒……1/2杯
鹽……1小匙
高湯用的昆布……10cm方形1片
B
蜂蜜……2大匙
淡醬油……2大匙
沙拉油……1大匙
粗黑胡椒粉……適量
煮汁……3大匙

做法

1　將雞翅和**A**放入鍋中，煮滾後撈去浮沫轉小火，再煮20分鐘關火，直接浸泡在煮汁中放置冷卻。

2　將做法1雞翅上的湯汁用廚房紙巾擦掉。

3　取半顆檸檬切片，另外半顆放置一旁備用。

4　取較深的容器，放入**B**、做法2並擠入檸檬汁，大致混合後放上檸檬片。蓋上保鮮膜或鍋蓋，放入冰箱醃漬半天即可食用，約可保存5天。

💡 **POINT!**

蜂蜜檸檬不僅可以做為飲料，拿來搭配雞翅也非常適合。

味
噌
醃
水
煮
雞
翅

材料（2人份）

雞翅……6根
小黃瓜……1根

A
水……5杯
酒……1/2杯
鹽……1小匙
高湯用的昆布
……10cm方形1片

B
味噌……100g
酒……2大匙
砂糖……30g

做法

1 將雞翅和**A**放入鍋中，煮滾後撈去浮沫轉小火，
　再煮20分鐘關火，直接浸泡在煮汁中放置冷卻。

2 將做法1雞翅上的湯汁用廚房紙巾擦掉。

3 取較深的容器，放入**B**混合均勻，再加入做法2和
　小黃瓜大致攪拌。蓋上保鮮膜或鍋蓋，放入冰箱
　醃漬1天左右。

4 以廚房紙巾將雞翅上的味噌擦去。雖然直接吃就
　很美味了，但再經過水洗、擦乾，放入平底鍋快
　速煎出焦痕後，會更加好吃！擦去小黃瓜上的味
　噌，切成方便食用的大小，就可以吃了。放進冰
　箱可保存5天左右。

 POINT!

經過味噌、酒和砂糖醃漬的東西，再快速煎出焦痕後會更美味。

昆布醃水煮雞翅佐芥末

材料（2人份）
雞翅……6根
A
　水……5杯
　酒……1/2杯
　鹽……1小匙
　高湯用的昆布
　……10cm方形1片
高湯用的昆布……適量
芥末……適量
金桔……1顆

做法

1　將雞翅和**A**放入鍋中，煮滾後撈去浮沫轉小火，再煮20分鐘關火，直接浸泡在煮汁中放置冷卻。

2　將做法1雞翅上的湯汁用廚房紙巾擦掉，放上已擦過的昆布，最後蓋上保鮮膜或鍋蓋，放入冰箱冷藏1天。

3　將做法2的雞翅盛盤，再放上對半切開的金桔。

＊「昆布醃漬」是在容器底部鋪上高湯用的昆布，再擺上雞翅，最後蓋上昆布，形成包夾的模樣。剩下的昆布可以切成適當的大小，放入鍋中慢慢加等量的水與醋（差不多淹過材料），開火，燉煮約1小時至軟爛。再取一個鍋子將湯汁過濾後放入，以醬油、味醂1:2的比例煮到湯汁快收乾。可依喜好加入胡椒，放入密閉容器，冷藏可保存約10天。

 POINT!
水煮雞翅用昆布包夾起來，完成後配上芥末與金桔，既清新又爽口。

材料（2人份）

雞翅……6根

A

: 水……5杯
: 酒……1/2杯
: 鹽……1小匙
: 高湯用的昆布
: ……10cm方形1片

洋蔥……100g

紅蘿蔔……50g

白蘿蔔……30g

B

: 醬油……2大匙
: 砂糖……2小匙
: 沙拉油、醋……4大匙
: 粗黑胡椒粉……少許

萵苣（切成細絲）……少許

做法

1　將雞翅和**A**放入鍋中，煮滾後撈去浮沫轉小火，再煮20分鐘關火，直接浸泡在煮汁中放置冷卻。

2　將做法1雞翅上的湯汁用廚房紙巾擦掉。

3　將洋蔥、紅蘿蔔和白蘿蔔磨成泥。洋蔥泥用棉布包起，徹底將水分吸乾。

4　取較深的容器，放入做法3與**B**混合，再加入做法2大致拌勻。蓋上保鮮膜或鍋蓋，放入冰箱醃漬1天。

5　盤子底部鋪上萵苣絲，將做法4的雞翅盛盤，醃料淋在四周。

泥狀蔬菜濃縮的甘甜和美味，是最強的醃料！

苦椒醬醋味噌水煮雞翅

材料（2人份）
雞翅……6根
A
┆水……5杯
┆酒……1/2杯
┆鹽……1小匙
┆高湯用的昆布
┆……10cm方形1片
B
┆苦椒醬……1大匙
┆味噌……1大匙
┆醋……1.5大匙
┆砂糖……1/2大匙
萵苣……適量

做法
1 將雞翅和**A**放入鍋中，煮滾後撈去浮沫轉小火，再煮20分鐘關火，直接浸泡在煮汁中，放置冷卻。
2 將做法1雞翅上的湯汁用廚房紙巾擦掉。
3 將**B**混合均勻。
4 將做法2和萵苣一起盛盤，沾取做法3的醬料食用。

煮好的雞翅直接和煮汁一起放入密閉容器，可在冰箱保存5天左右。要吃的時候再沾取醋味噌醬一起享用！

 POINT!
沾上苦椒醬味噌，再用萵苣捲起來一起吃的烤肉風雞翅。

《填充鑲料》
雞翅餃子

處理成袋狀的雞翅，
填入豬絞肉或明太子等做成雞翅餃子。
Juicy on Juicy

材料（2人份）

雞翅……6根

A

: 豬絞肉……100g
: 韭菜（切成碎丁）……3根
: 長蔥（切成碎丁）……1/4根
: 芝麻油……1小匙
: 蠔油……1大匙
: 粗黑胡椒粉……少許
沙拉油……1大匙
酒……2大匙
醋……適量
醬油……適量
辣油……適量
芥末醬……少許

做法

1 將雞翅處理成袋狀（參考P82）。

2 將**A**放入碗中，徹底攪拌至出現黏性。

3 將做法2均分後填入做法1中，以牙籤封住開口。

4 平底鍋中放油加熱，煎做法3的雞翅。待兩面都出現焦痕後，酒淋入鍋中，蓋上鍋蓋燜煮約5分鐘。

5 請小心拔掉牙籤，盛盤後搭配醋醬油、辣油和芥末醬就完成了。

使用飯匙和手指，在處理成袋狀的雞翅中填入滿滿餡料。填到表皮膨膨滿滿的就可以了。

雞翅鑲明太子

材料（2人份）

雞翅……6根
明太子……60g
嫩蔥（切成細珠）……1大匙
鹽……少許
沙拉油……1大匙
白蘿蔔泥……3大匙
金桔……1顆

做法

1　將雞翅處理成袋狀（參考P82）。

2　將明太子輕輕切開薄皮後，取出內裡和嫩蔥混合均勻。

3　將做法2均分後填入做法1中，以牙籤封住開口再抹鹽。

4　平底鍋中放油加熱，將做法3的兩面確實煎出焦痕。

5　盛盤，放上白蘿蔔泥和對半切開的金桔即可。

雞翅鑲梅子紫蘇

材料（2人份）
雞翅……6根
木棉豆腐……80g
A
 山芹菜（切成碎丁）……5根
 香菇（切成細絲）……1片
 紅蘿蔔（切成細絲）……30g
 砂糖……1/2小匙
 鹽……1/3小匙
 太白粉……2小匙
B
 水……3杯
 高湯用的昆布……5X10cm方形1片
 醬油、味醂……各3大匙
太白粉水……適量
鹽、蔥白絲、山椒粉……各少許

做法
1 豆腐用廚房紙巾包起來，壓上重物，讓水分徹底吸乾。
2 將雞翅處理成袋狀（參考P82）。
3 將做法1用手捏碎放入攪拌碗中，加入A混勻。
4 將做法3均分後填入做法2中，以牙籤封住開口再抹鹽。
5 將B放入鍋中，煮滾後放入做法4的雞翅，再次煮滾後轉小火，續煮約10分鐘。
6 將做法5的雞翅盛盤。
7 在煮汁中加入太白粉水勾芡，淋在做法6的盤中。放上蔥白絲、撒上山椒粉即可。

材料（2人份）
雞翅……6根
梅子乾……6顆
紫蘇葉（切成碎丁）……5片
鹽……少許
沙拉油……1大匙
芥末……少許

做法
1 將雞翅處理成袋狀（參考P82）。
2 梅子乾去籽。以菜刀將果肉剁碎，和紫蘇葉混合。
3 將做法2均分後填入做法1中，以牙籤封住開口再抹鹽。
4 平底鍋中放油加熱，將做法3的兩面確實煎出焦痕。
5 盛盤，配上芥末即可。

炸雞翅鑲酪梨

磯邊 炸雞鑲起司

材料（2人份）

雞翅……6根

酪梨（切成一口大小）……1/2顆

鹽、粗黑胡椒粉……各少許

低筋麵粉……適量

麵包粉……適量

油……適量

萵苣……適量

A

　打散的蛋液……1顆份

　牛奶……1大匙

B

　美乃滋……1大匙

　番茄醬……1大匙

　塔巴斯科辣椒醬……少許

做法

1　雞翅處理成袋狀（參考P82）。將**A**與**B**各自混合均勻。

2　將酪梨均分後填入做法1中，以牙籤封住開口再抹鹽、撒胡椒粉。

3　依序將低筋麵粉、混合後的**A**、麵包粉裹到做法2的雞翅上，放入170°C的油中炸約4～5分鐘，表面呈金褐色即可。

4　和萵苣一起盛盤，配上混合好的**B**。

炸雞鑲鵪鶉蛋

材料（2人份）
雞翅……6根
加工乳酪（切成一口大小）……60g
鹽……少許
低筋麵粉……少許
A
　蛋黃……1顆份
　水……1/2杯
　低筋麵粉……50g
　海苔……1大匙
青辣椒……4根
油……適量
金桔……1顆

做法
1　將雞翅處理成袋狀（參考P82）。將A混
　　合均勻。青辣椒切開一刀。
2　將加工乳酪均分後填入做法1的雞翅中，
　　以牙籤封住開口再抹鹽。
3　在做法2的雞翅上抹一層薄薄的低筋麵
　　粉，再沾滿混合好的A，放入170°C的
　　油中炸4～5分鐘，表面呈金褐色就可以
　　了。青辣椒直接放入油炸。
4　盛盤，配上對半切開的金桔。

材料（2人份）
雞翅……6根
鵪鶉蛋（水煮）……6顆
鹽、粗黑胡椒粉……各少許
低筋麵粉……適量
麵包粉……適量
A
　打散的蛋液……1顆份
　牛奶……1大匙
油……適量
高麗菜（切成細絲）……適量
芥末醬……適量
中濃醬……適量
檸檬（切成瓣）……1/4顆

做法
1　將雞翅處理成袋狀（參考P82）。
2　在做法1裡填入鵪鶉蛋，以牙籤封住開口
　　再抹鹽、撒胡椒。
3　依序在做法2的雞翅裹上低筋麵粉、混
　　合好的A和麵包粉，放入170°C的油中炸
　　4～5分鐘，表面呈現金褐色即可。
4　盛盤，配上高麗菜絲與檸檬、芥末醬、
　　沾醬就完成了。

《Special》
用蒸的奢侈湯品

利用雞翅的特殊性，
讓香噴噴的焦痕風味與
雞湯精華濃縮在湯中。
此外，還有煙燻、北京烤鴨風等等，
拓展雞翅可能性的各種菜單源源不絕。

材料（2人份）
雞翅……4根
乾貝柱……2個
魷魚絲……10g
高湯用的昆布……5cm方形2片
蝦米……5g
長蔥（隨意切成方便食用的大小）……1/2根
白菜（切成方便食用的大小）……50g
A
: 水……3+3/4杯
: 酒……2大匙
: 淡醬油……2大匙
鹽、粗黑胡椒粉……各少許

做法

1　平底鍋中不放油，放入雞翅煎出焦香的
　　焦痕。以同一個平底鍋，放入長蔥段也
　　煎出焦痕。

2　取2個耐熱器皿，除了鹽、黑胡椒之外，
　　所有的材料各分一半放入器皿中，蓋上
　　保鮮膜。

3　將做法2的器皿放入已冒出蒸氣的蒸鍋
　　中，蒸約1小時。

4　試一下味道，若覺得味道不夠，以鹽調
　　味，撒上黑胡椒粉即可。

為了讓湯品更有深度，將雞翅事
先煎出表皮焦脆的模樣。除了有
點奢侈地使用乾貝柱與蝦米之
外，還加了魷魚絲提升鮮味，這
就是我的流派做法。

煙燻雞翅

材料（2～3人份）

雞翅……8根

小蘿蔔……1束

櫻花木……3指抓1撮

A

　水……5杯

　酒……1/2杯

　鹽……1小匙

　高湯用的昆布……10cm方形1片

B

　醬油……2大匙

　味醂……1大匙

　粗黑胡椒粉……1/2小匙

做法

1　將雞翅和**A**放入鍋中，煮滾後轉小火煮約20分鐘，關火，直接放置煮汁中等待冷卻。

2　將做法1雞翅上的汁水用廚房紙巾擦乾，以**B**按摩10分鐘左右。

3　取一個較深的平底鍋，放入櫻花木，再放上烤網。

4　將做法2雞翅上的汁水用廚房紙巾輕輕擦掉，放在做法3的烤網上並開火。等到冒出煙後，將攪拌碗倒扣在烤網上，繼續以小火燻烤約5分鐘。關火後，等到碗稍微冷卻再取出（如果立刻移除碗，煙會直接冒出來很危險，加上攪拌碗很燙）。

5　將雞翅盛盤，加上小蘿蔔即可。

平底鍋找舊的鍋子就可以了。像照片一樣將櫻花木放入鍋中，上面再放上盛著雞翅的烤網進行煙燻。

等到開始冒煙，立刻蓋上攪拌碗。

POINT!

使用平底鍋就可以輕鬆完成的煙燻雞翅，而且很下酒哦！

材料（方便製作的份量）
雞翅……8根
洋蔥（切成薄片）……1/2顆
A
⋮ 水……5杯
⋮ 酒……1杯
⋮ 鹽……1小匙
⋮ 高湯用的昆布……10cm方形1片
嫩蔥（切成細珠）……少許
鹽、粗黑胡椒粉……各適量

做法
1 雞翅切成段。
2 將做法1的雞翅和**A**放入鍋中，開大火煮滾後轉中火，再煮20分鐘。期間若水減少了，記得要補足。
3 以擀麵棍將做法2的雞翅搗碎到湯變成白濁色的細度，讓精華流入湯中。
4 將做法3過濾，使用擀麵棍在濾網或篩子上用力按壓，讓美味確實流出。
5 將湯盛碗，撒上蔥花，依個人喜好以鹽、胡椒調味就完成了。

將肉和骨頭徹底搗碎，直到湯變得白濁。

過濾時也要用擀麵棍在濾網上擠壓，將美味完整壓出。

 POINT!

將肉和骨頭徹底搗碎，讓美味完整流出，這就是雞肉燒烤店的固定菜色雞湯。

水炊鍋

材料（2人份）

雞翅、小雞腿……各4根

A
: 水……6杯
: 酒……1杯
: 淡醬油……4大匙
: 味醂……4大匙
: 高湯用的昆布……5×10cm方形1片

長蔥（斜切成薄片）……1根
白菜（隨意切塊）……1/6顆
金針菇（切去根部、剁散）……1袋
春菊（只要葉子）……1/3把
絹豆腐（切成8等份）……1盒

B
: 水……4大匙
: 醬油……4大匙
: 檸檬汁……4大匙
: 味醂……1+1/3大匙
: 砂糖……1小匙
: 高湯用的昆布……3cm方形1片

白蘿蔔泥……4大匙
辣椒粉……少許

做法

1　陶鍋中放入雞翅與**A**，煮滾後轉小火，再煮30分鐘。

2　將**B**混合均勻。

3　在做法1的鍋中加入長蔥、白菜、金針菇、春菊和豆腐，待煮熟後即可撈起，將**B**和白蘿蔔泥、辣椒粉混合後一起搭配食用。

 POINT!

以小火慢煮出柔和甜味的雞翅高湯，加上白菜與金針菇甘美的一道料理。請搭配特製醬汁和辣椒粉享用。

北京烤鴨風

材料（2～3人份）

雞翅……8根
醬油……2大匙
油……適量
吐司（8片裝）……1袋
長蔥（切成細絲）……1/2根
小黃瓜（切成細絲）……1/2根
甜麵醬……2大匙

做法

1 雞翅放入滾水中快速汆燙。取廚房紙巾將水份擦乾後，以醬油揉捏入味。用竹籤串起來，放置通風良好處晾乾30分鐘～1小時。

2 直接放入170℃的油中炸至表皮呈金褐色即可。

3 以菜刀將做法2的外皮部分削下來，剩下肉的部分切片並將骨頭去除。

4 將吐司邊切掉，使用擀麵棍擀薄。

5 將做法3、做法4、長蔥和小黃瓜一起盛盤，搭配甜麵醬一起食用。把所有材料放上吐司，捲著吃。

先晾乾再油炸，做出香脆外皮就跟北京烤鴨沒兩樣！

 POINT!

按摩、晾乾、油炸這三個步驟會讓外皮更爽脆。
明明是雞翅，卻變身烤鴨了！！

滿滿的膠質與美味的湯汁，還有濃郁的香氣！
集合三大要素的這道料理，
其使用材料——雞翅，
無論做成飯或麵都非常合適！
現在就讓我介紹這道
由雞翅所造就的「超級簡單飯與麵」。
當主食也是非常完美哦！

材料（2人份）

雞翅……6根

鹽……少許

米……2米杯

香菇（切成粗條）……2片

A

: 水……1.5杯

: 淡醬油……2大匙

: 酒……2大匙

: 高湯用的昆布……3cm方形1片

山芹菜（切碎）……5片

做法

1　米仔細地掏洗後，放置水中泡30分鐘，再用篩子撈起。

2　雞翅尖先從關節處切掉（參考P80），撒上鹽。

3　平底鍋中不加油，將雞翅直接放入，兩面煎出焦痕。

4　將做法1、香菇和**A**放入陶鍋，再將做法3的雞翅放在最上面，蓋上鍋蓋，開大火煮滾後轉中火，再煮5分鐘，接著轉小火煮15分鐘。

5　煮好後撒上山芹菜，取出鍋中的昆布後輕輕攪拌。

雞翅之所以會生出更多高湯的原因，就在於它有骨頭。將表面煎出香噴噴的焦痕，更能將美味精華融入飯中，做成這道終極炊飯。

雞翅天丼

材料（2人份）

雞翅……6根

A
: 高湯……90ml
: 醬油……2大匙
: 味醂……2大匙

B
: 蛋黃……1顆份
: 冰水……3/4杯
: 低筋麵粉……80g

青辣椒……4根

茄子……1根

南瓜……100g

低筋麵粉……適量

油……適量

白飯……2碗量

做法

1　將雞翅尖先從關節處切掉（參考P80），做成鬱金香狀（參考P83）並將骨頭剔除。

2　將**A**放入小鍋中，煮滾後放置等待冷卻。將**B**混合。

3　青辣椒用刀切出開口。茄子、南瓜切成方便食用的大小。

4　在做法1和做法3抹上低筋麵粉，再裹上**B**。放入170°C的油中炸至周圍沒有小氣泡且兩面呈酥脆狀浮在油面上即可。

5　將白飯盛碗，淋上少許**A**醬料後，放上炸好的雞翅，再淋上剩下的**A**醬料。

 POINT!

將做成鬱金香狀的雞翅炸得酥脆的夢幻天丼，濃郁風味無法擋！

材料（2人份）

雞翅……8根
沙拉油……1大匙
A
：醬油……2大匙
：酒……2大匙
：味醂……2大匙
：砂糖……1大匙
白飯……2碗量
烤過的海苔……1/2片
（切成細碎）
山椒粉……少許
白芝麻……1大匙
蘿蔔嬰……1/3包

做法

1 將雞翅尖先從關節處切掉（參考P80），
　做成鬱金香狀（參考P83）並將骨頭剔
　除。

2 平底鍋放油加熱，將做法1兩面煎出硬
　硬的焦痕。以廚房紙巾擦去多餘的油脂
　後，加入**A**拌炒。

3 將白飯盛碗，撒上海苔後將做法2的肉連
　同醬汁一起裝進碗中。

4 撒上山椒粉與白芝麻，再放上切去根部
　的蘿蔔嬰就完成了。

雞翅蒲燒丼

 POINT!
即使手邊沒有鰻魚，但只有雞翅也能做出這樣的蒲燒料理。

蔘雞湯風鹹粥

材料（2人份）
雞翅……6根
米……1/2米杯
A
：水……3.5米杯
：鹽……1/2小匙
蒜頭……2瓣
嫩蔥（切成細珠）……適量
粗黑胡椒粉……少許
芝麻油……1大匙

做法
1　平底鍋中不加油，直接將雞翅放入，煎至整個雞翅出現焦痕。
2　米輕輕洗過，用篩子撈起備用。
3　將做法1、2、**A**和整顆蒜瓣放入鍋中，煮滾後轉小火，蓋上鍋蓋再煮約40分鐘。
4　盛盤後，撒上蔥花和胡椒，再淋上芝麻油就完成了。

 POINT!
一整隻雞很難處理，但如果只有雞翅的話，就能在家簡單做出蔘雞湯！

材料（2人份）

雞翅……6根

A

　高湯……2.5杯

　醬油……1/4杯

　味醂……1/4杯

　砂糖……1大匙

長蔥（切成5cm的小段）……1/3根

香菇（切成薄片）……2片

山芹菜（切碎）……3根

蕎麥麵……2把

做法

1　將雞翅尖先從關節處切掉（參考P80）。

2　平底鍋中不加油，直接將做法1的雞翅放入，煎至整個雞翅出現焦痕。

3　將做法2和**A**放入鍋中，煮滾後轉小火，再煮20分鐘。

4　將長蔥段、香菇加入做法3的鍋中快速煮一下，最後加入山芹菜後關火。

5　蕎麥麵依包裝指示，放入滾水中煮熟，起鍋後過冰水放在撈網上。

6　將做法5盛盤。取出做法4的雞翅另外盛盤，沾醬則取其他容器裝盛。可依個人喜好在雞翅上撒入七味唐辛子。

雞翅南蠻蕎麥麵

POINT!

不放油直接煎香的雞翅，表皮的濃郁風味搭配蕎麥麵一起食用！

雞翅烏龍麵

材料（2人份）

雞翅……6根

A

高湯……4杯

味噌、紅味噌……各2大匙

醬油……2大匙

味醂……2大匙

B

白蘿蔔（切成銀杏葉形）……100g

紅蘿蔔（切成銀杏葉形）……50g

熟烏龍麵……2團

長蔥（斜切成薄片）……1/3根

魚板（切成薄片）……40g

雞蛋……2顆

嫩蔥（切成細珠）……適量

做法

1　將雞翅尖先從關節處切掉（參考P80）。

2　平底鍋中不加油，直接將做法1的雞翅放入，煎至整個雞翅出現焦痕。

3　將做法2、**A**和**B**放入陶鍋中，煮滾後轉小火，再煮30分鐘。

4　將烏龍麵加入做法3的鍋中，將火稍微轉大，煮約5分鐘後加入長蔥和魚板再稍微煮一下。

5　將雞蛋打入做法4的鍋中，蓋上鍋蓋轉小火，稍微滾時關火，撒上蔥花即可。

 POINT!

雞翅加了湯頭可以釋放出更多的美味，成了一道超級好吃的烏龍麵！

材料（2人份）
雞翅……6根
A
　：高湯……4杯
　：鹽……1小匙
　：味醂……2大匙
油麵……2團
蔥白絲……適量
金桔（切成薄片）……1顆
粗黑胡椒粉……少許

做法
1　將雞翅尖先從關節處切掉（參考P80）。
2　平底鍋中不加油，直接將雞翅煎至整個出現焦痕。
3　將煎好的雞翅和**A**放入鍋中，煮滾後轉小火，再煮20分鐘。關火後放置稍微冷卻。
4　油麵依包裝指示，放入滾水中煮熟，起鍋後過冰水放在撈網上。
5　將做法4的麵放入碗中，倒入做法3。鋪上蔥白絲和金桔，撒上胡椒即可。

雞翅鹽味冷拉麵

POINT!
清爽的冷拉麵，配上散發著焦香味道的雞翅和金桔真是絕佳搭檔！

第4章 雞絞肉

雞絞肉不僅可以自由自在地改變外形，
還適用於燉煮、煎烤、油炸等調理方式。
希望各位能夠一道一道嘗試
融合柔和味道與紮實口感的雞絞肉菜單。

「笠原流」讓雞絞肉變美味的法則

1　揉捏、整形

比起黏性，讓調味料能夠和肉徹底融合更為重要。肉需要有彈性就必須揉捏絞肉，接著讓肉稍微休息。加熱時從低溫慢慢開始，如果突然間直接用高溫加熱，會造成外表破裂，熱度未到達裡面之前就先燒焦了，這點必須注意。

2　包、夾、鑲填

用蔬菜或皮夾起來或鑲填，這是絞肉的長項。將雞絞肉用手徹底混合攪拌至出現黏性。無論是夾還是鑲填，為了避免絞肉在加熱後縮小而從外皮脫落，要確實將蔬菜等外皮包緊，與內餡成為一體。熱度較難到達的中央就包得薄一點，這也是訣竅。

3　炒、燉煮

炒的時候原本稍微結塊的絞肉會變得四散，有一個方法可以讓它變得像整塊肉的口感。另外，以一粒一粒的感覺入鍋翻炒，結果變得零零散散的時候也適用這個方法。至於燉煮時，讓絞肉在水中舒展的同時，肉的美味也會釋放進湯水裡。

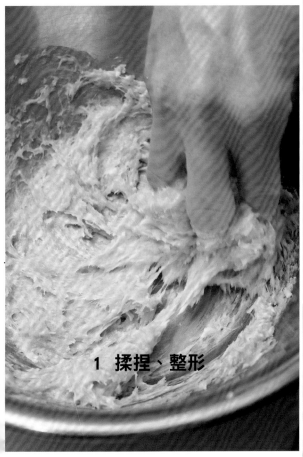

1 揉捏、整形

2 包、夾、鑲填

3 炒、燉煮

雞肉丸

燒烤店風格

《揉捏、整形》

軟嫩嫩、香噴噴，這是從小伴隨著我長大的味道。
加入碎洋蔥讓味道更鮮甜，
也能更深層釋放出雞絞肉特有的溫柔風味。
混合的過程中用手在碗裡攪拌，
使肉中飽含空氣。
接著以小火慢慢地煮熟，讓熱度貫穿丸子，
最後煎上香噴噴的焦痕與醬汁，
這樣就完成了！

材料（2人份）
雞絞肉……300g
碎洋蔥……300g
A
　打散的蛋液……1/2顆份
　砂糖、醬油、玉米澱粉
　……各1大匙
醬汁（方便製作的份量）
　醬油、味醂……各180ml
　砂糖……50g

1

將醬汁的材料放入鍋中，開火煮滾後直接放置冷卻。

＊剩下的醬汁放入密閉容器中，可在冰箱保存5天，也可做為照燒料理的醬汁。

以棉布將碎洋蔥包起來，確實將水分擰乾。

將雞絞肉、做法2的洋蔥、**A**放入攪拌碗中。

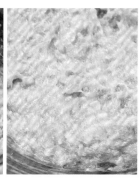

以手環繞攪拌，讓空氣進入肉中。確實混合攪拌到肉出現黏性、稍微變白後直接放置10分鐘。

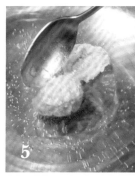

起一鍋滾水，轉小火（鍋中水在靠近邊緣的位置稍微鼓動的程度）。捏成一口大小的做法4以湯匙舀起，輕輕放入鍋中，煮約4～5分鐘，等肉丸浮起來即可撈出放入盤中。

等到煮好的肉丸稍微冷卻後，每3個串成一串。為了煎的時候能夠確實煎到表面，串的時候將較平的一面調整至上下面。

將肉丸放入冷的平底鍋中，開火。等到兩面煎出焦痕再轉小火，加入1/3量的做法1。

醬汁一滾，就搖動平底鍋，讓醬汁沾到所有的肉丸子。上下翻面，一樣沾醬汁。

＊竹籤很燙，記得使用夾子等工具翻面。

完成盛盤，淋上平底鍋中剩下的醬汁，再依個人喜好撒上七味粉。

雞肉棒

材料（2人份）

A

雞絞肉……300g

長蔥（切碎）……1/3根

日本大葉（切碎）……5片

柚子皮（切碎）……1/4顆

太白粉……4大匙

味醂……1大匙

鹽、黑胡椒粉……各1/2小匙

雞蛋（蛋白與蛋黃分開）……1顆

沙拉油……1小匙

做法

1　將**A**放入攪拌碗中，加入蛋白攪拌至出現黏性。

2　取免洗筷，將做法1的材料分成1/6份量握到筷子上，捏成棒狀。剩下的材料以同樣的做法，共做成6根雞肉棒。

3　在冷的平底鍋中倒入油，放入做法2的雞肉棒。開中火煎約5分鐘，直至表面煎出焦痕後翻面（剛開始的時候不要動它）轉小火，蓋上鍋蓋再煎5分鐘。

4　將做法3盛盤，旁邊配上蛋黃。

由於材料很鬆軟，要在免洗筷上一邊整理一邊調整形狀。

 POINT!

不要動它，讓雞肉棒確實煎出香噴噴的焦痕，再沾上蛋黃食用。

絞肉煎餅

材料（直徑6cm的餅7片）
雞絞肉……150g
白飯……150g（約1碗半）
雞蛋……1顆
嫩蔥（切成細珠）……5根
鹽……3指抓1小撮
芝麻油……1大匙
白蘿蔔泥……少許
醬油……少許

做法

1　將雞絞肉和白飯放入攪拌碗，以手將白飯打碎並攪拌均勻。

2　將雞蛋打入做法1中，再加入嫩蔥和鹽，繼續攪拌均勻。

3　在冷的平底鍋中倒入芝麻油，舀1湯匙量的做法2材料放入鍋中，整成圓形。開中火，煎到兩面出現脆脆的焦痕。

4　盛盤，將白蘿蔔泥和醬油混合後搭配著享用。

使用湯匙背面，就可以整理出漂亮的形狀。

POINT!
靠著加了絞肉的白飯，完成外皮酥脆、內裡柔嫩的煎餅。

10種肉丸子決勝負！

使用幾乎完全相同的雞絞肉基底材料，
只要換了添加的素材、
調製的醬料或調味料等，
就可以混搭出10種特製的雞肉丸！

蓮藕肉丸子

材料（方便製作的份量）

基本材料

雞絞肉……200g

太白粉……1大匙

打散的蛋液……1/2顆份

砂糖……1小匙

醬油……1小匙

鹽……1/2小匙

蓮藕（切碎）……100g

沙拉油……1大匙

酒、醬油、味醂……各1大匙

辣椒粉……適量

做法

1 將基本材料和蓮藕放入攪拌碗中，攪拌混合。

2 在冷的平底鍋中放油，將做法1的材料分次以1大匙的方式倒成小圓形，開中火煎烤至單面出現焦痕即可翻面，約3分鐘；另一面也煎3分鐘，煎到中間稍微膨脹，用手指壓感覺到有彈性時就可以了。

3 將酒、醬油和味醂加入做法2翻炒。盛盤後撒上辣椒粉。

蒜味肉丸子

韭菜

材料（方便製作的份量）

基本材料

參考左方的蓮藕肉丸子……同量

A

韭菜（切碎）……5根

蒜頭（切碎）……2瓣

苦椒醬……1/2大匙

沙拉油……1大匙

做法

將基本材料與**A**放入攪拌碗中，混合均勻。接下來以和蓮藕肉丸子做法2一樣的方法煎烤即可。

日本大葉襄荷肉丸子

材料（方便製作的份量）

基本材料

參考左方的蓮藕肉丸……同量

A

：襄荷（切碎）……2個

：日本大葉（切碎）……10片

沙拉油……1大匙

鹽……適量

芥末……適量

做法

將基礎材料和**A**放入攪拌碗中，混合均勻。接下來以和蓮藕肉丸子做法2一樣的方法煎烤即可。最後在兩面撒上少許的鹽，盛盤，配上芥末。

香菇肉丸子

材料（方便製作的份量）

基本材料

參考左方的蓮藕肉丸……同量

A

：鴻喜菇（切碎）……1包

：香菇（切碎）……4片

沙拉油……2大匙

鹽……少許

酒、醬油、味醂……各1大匙

白蘿蔔泥、山椒粉……各適量

做法

1 在平底鍋中加入1大匙油加熱，**A**撒上鹽後入鍋翻炒至變軟，直接放置冷卻。

2 將做法1和基本材料放入攪拌碗中，混合均勻。

3 以和前頁蓮藕肉丸子做法2一樣的方法煎烤，再加入酒、醬油和味醂後翻炒。盛盤，配上白蘿蔔泥和山椒粉。

榨菜中華肉丸子

材料（方便製作的份量）

基本材料

參考P164的蓮藕肉丸子……同量

A

榨菜（切碎）……50g

乾貝柱（泡水發開後切碎）……10g

芝麻油……1大匙

芥末醬……適量

做法

將基本材料和**A**放入攪拌碗中，混合均勻。以和蓮藕肉丸子做法2一樣的方法煎烤（使用芝麻油代替沙拉油），最後盛盤，配上芥末醬即可。

材料（方便製作的份量）

基本材料

參考P164的蓮藕肉丸子……同量

A

草蝦（去殼、取出沙腸後切碎）……6尾

玉米（大致切碎）……1/2根

沙拉油……1大匙

鹽……少許

番茄醬……適量

做法

將基本材料和**A**放入攪拌碗中，混合均勻。以和蓮藕肉丸子做法2一樣的方式煎烤，完成後兩面撒鹽並盛盤，再添上番茄醬即可。

納豆磯邊肉丸子

材料（方便製作的份量）

基本材料

參考P164的蓮藕肉丸子……同量

A

納豆（大致切碎）……1盒

長蔥（切碎）……1/3根

醬油……適量

沙拉油……1大匙

烤海苔片……適量

芥末醬……適量

做法

1 將基本材料和**A**放入攪拌碗中，混合均勻。

2 在冷的平底鍋中加油。將做法1以1大匙1大匙的量用海苔片捲起來，開口處朝下放入鍋中，以中火煎約3分鐘，煎出焦痕後翻面，另一面也煎3分鐘。等到中間變得蓬鬆，以手指按壓感覺到彈性時就可以了。

3 盛盤，配上芥末醬。

鮮蝦玉米肉丸子

材料（方便製作的份量）

基本材料

參考P164的蓮藕肉丸子……同量

白芝麻……2大匙

沙拉油……1大匙

A

味噌、砂糖、白芝麻糊……各2大匙

酒……4大匙

醬油……1大匙

五平餅風肉丸子

做法

將基本材料和白芝麻放入攪拌碗中，混合均勻。以和蓮藕肉丸子做法2一樣的方法煎烤，加入A後煮到入味。

材料（方便製作的份量）

基本材料

參考P164的蓮藕肉丸子……同量

A

西洋芹菜（大致切碎）……50g

山藥（大致切碎）……50g

沙拉油……1大匙

鹽……少許

美乃滋……適量

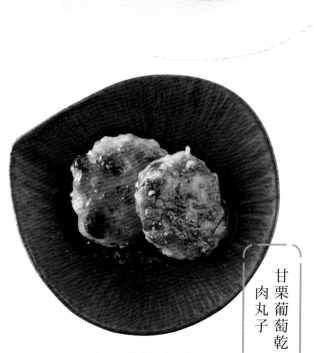
甘栗葡萄乾肉丸子

做法

將基本材料和A放入攪拌碗中，混合均勻。以和蓮藕肉丸子做法2一樣的方法煎烤，完成後兩面撒鹽並盛盤，再添上美乃滋。

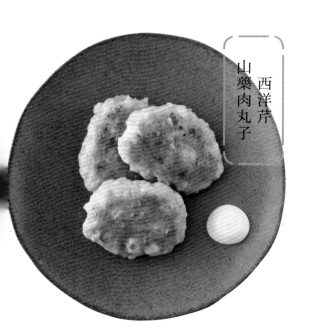
山藥西洋芹肉丸子

材料（方便製作的份量）

基本材料

參考P164的蓮藕肉丸子……同量

A

去殼甘栗（大致切碎）……50g

葡萄乾（大致切碎）……30g

粗黑胡椒粉……少許

奶油……10g

酒、醬油、味醂……各1大匙

粗黑胡椒粉……適量

做法

將基本材料和A放入攪拌碗中，混合均勻。以和蓮藕肉丸子做法2一樣的方法煎烤，加入酒、醬油和味醂後翻炒均勻。盛盤，撒上黑胡椒粉。

松風

第4章　絞肉　《揉捏・整形》

材料

雞絞肉……300g

胡桃（熟的）……50g

A

∶酒、醬油、砂糖……各1大匙

B

∶白味噌……1.5大匙

∶砂糖、醬油、味醂……各1大匙

∶鹽……3指抓1撮

∶雞蛋……1顆

葡萄乾……30g

罌粟籽……適量

做法

1 準備一個長15.5X寬13.5X高4.5cm的模型。

　＊模型建議使用底部可分離的，比較容易脫模。如果沒有這種模型，可先在底部鋪一張烘焙紙。

2 將一半的絞肉和**A**放入鍋中，開小火。以鍋鏟翻炒混合，讓材料完全受熱，放置冷卻。

3 將剩下的絞肉和胡桃放進研磨缽中，以擀麵棍徹底搗碎。等到完全搗碎混合後，加入**B**再繼續研磨，讓所有材料柔順混合。

4 將做法2加入做法3的缽中，徹底攪拌研磨讓所有材料柔順混合。

5 將葡萄乾加入做法4的缽中，大致混合後將材料填入模型中。將表面推平後敲出空氣。

6 在做法5的表面均勻撒上罌粟籽，放入預熱180°C的烤箱烤10分鐘。等到完全冷卻後即可脫模，切成方便食用的大小。

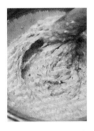
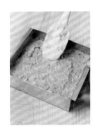

取一半絞肉，經翻炒加熱後會變少，加上還要磨碎，因此這個階段不必將肉炒得太細碎。

加入調味料，繼續研磨讓所有材料更柔滑。

以飯匙將表面推平後，模型在砧板上輕敲數下，敲出裡面的空氣。

溫和的甜香與甘味，絲滑的口感，是雞絞肉的特長。和調味料充分混合後，徹底研磨攪拌至整體柔軟順滑就是訣竅。

第4章 雞絞肉《包、夾、鑲填》

《包、夾、鑲填》
香菇鑲肉

鑲肉或夾肉再煎烤、油炸的做法，
讓雞絞肉和蔬菜的甘甜化為一體。
有一長串食譜
能夠發揮絞肉千變萬化的特性。

蓮藕鑲肉

材料（2人份）

基本材料
雞絞肉……200g
酒、太白粉……各1大匙
砂糖……1小匙
薑泥……1/2小匙
鹽……1/2小匙
蓮藕……100g
太白粉……適量
沙拉油……1大匙

A
酒、醬油、味醂……各2大匙
白芝麻……少許
山椒粉……少許

做法

1　將基本材料放入攪拌碗中，揉捏至出現黏性。

2　蓮藕去皮，放入滾水中快速川燙，切成0.5cm厚的片狀。

3　在做法2的蓮藕片兩面都輕輕抹上太白粉，再將多餘的粉拍掉。取較小的飯匙，挖取適量的做法1材料，放在一片蓮藕片上。再取另一片蓮藕片蓋上，輕壓讓其中的絞肉均勻。以手指輕輕整理從側邊溢出的絞肉，同時繼續按壓兩片蓮藕，讓蓮藕的孔洞中也充滿絞肉。

4　平底鍋中放油加熱，將做法3放入鍋中。以中火兩面共煎10分鐘，等到表面煎出硬硬的焦痕，內裡的絞肉也完全熟透後，以廚房紙巾擦去鍋中多餘的油分。再加入**A**和蓮藕一起拌炒。

5　將蓮藕對半切開，盛盤，撒上白芝麻和山椒粉即可。

揉捏攪拌、讓空氣進入絞肉中直到顏色變白。這樣一來就能做出蓬鬆輕柔的口感。

為了讓孔洞中也能確實填滿絞肉，要用力按壓兩片蓮藕。而從旁邊溢出的絞肉則用手指推掉，以絞肉代替黏糊材料，讓兩片蓮藕確實地黏在一起。

香菇鑲肉

材料（2人份）

基本材料
參考上方的蓮藕鑲肉……同量

A
白蘿蔔泥……適量
檸檬（切成半月形）……1/4顆
醬油……適量
香菇……10片
太白粉……適量
沙拉油……1大匙
鹽……少許
酒……1大匙

做法

1　將基本材料放入攪拌碗中，徹底攪拌至出現黏性。

2　香菇去梗，在傘蓋內側抹上太白粉。取較小的飯匙，將基本材料緊密地填入傘蓋裡。

3　平底鍋中放油加熱，將做法2的肉朝下入鍋。以中火將兩面共煎10分鐘（中間要翻面、撒鹽）。等到兩面都煎出硬硬的焦痕後，倒酒入鍋。轉小火並蓋上鍋蓋，蒸烤2分鐘。

4　盛盤，配上**A**即可。

絞肉加熱後會縮小，所以要緊密鑲填讓上方鼓鼓的。傘蓋的邊緣也用飯匙確實地填上絞肉，這樣讓兩者化為一體，在煎的時候絞肉才不會掉下來。

酥炸茄子夾肉

材料（2人份）
基本材料
參考P171的蓮藕鑲肉……1/2量
（調味料也是）
茄子……2根
太白粉……適量
油……適量

A
太白粉……5大匙
水……3大匙

B
高湯……1杯
醬油……2+2/3大匙
味醂……2+2/3大匙
芥末醬……適量

做法

1. 將基本材料放入攪拌碗中，徹底攪拌至出現黏性。

2. 茄子切去蒂頭，直向對半切開。在皮上斜劃出細刀痕，兩面抹上太白粉。在一片茄子表面放上適量的做法1，再以另一片夾起來。

3. 將做法2整體抹上太白粉，放入混合後的**A**中浸泡沾取。

4. 將做法3輕輕放入170°C的油中，一邊翻轉炸約4～5分鐘。

5. 將炸好的茄子切成一口大小並盛盤，配上混合好的**B**和芥末醬就完成了。

在其中一片茄子上放入稍多的絞肉，再以另一片壓上去，將中間的絞肉均勻夾好。擠出來的絞肉就代替黏糊材料，用手指整理糊開，將絞肉材料和茄子化為一體。

酥炸日本大葉夾肉

材料（2人份）
基本材料
參考P171的蓮藕鑲肉……同量
日本大葉……10片
低筋麵粉……適量
油……適量

A
蛋黃……1顆份
低筋麵粉……50g
水……3/4杯

B
鹽……少許
金桔（對半切開）……1顆

做法

1. 將基本材料放入攪拌碗中，徹底攪拌至出現黏性。

2. 以廚房紙巾將日本大葉上的水擦乾，切去葉梗。在葉子的內側，正中央放入適量的做法1材料。將日本大葉對半摺起來，包住絞肉。

3. 在做法2整體均勻裹上低筋麵粉，放入混合好的**A**中浸泡沾取。

4. 將做法3輕輕放入170°C的油中，炸3～4分鐘。

5. 盛盤，配上**B**即可。

將絞肉放在正中央，再把日本大葉捲夾起來就可以了。由於葉子的外緣會翹起來，要包得漂亮仔細。

 POINT!

吸油之後茄子的彈性與日本大葉的酥脆感，更能凸顯絞肉柔軟的口感。

酥炸茄子夾肉

酥炸日本大葉夾肉

燉煮牛蒡鑲肉

材料（2人份）

基本材料

參考P171的蓮藕鑲肉……同量

牛蒡（大枝的）……200g

蒟蒻……100g

太白粉……適量

水煮蛋……2顆

A

　高湯……4杯

　淡醬油……1/4杯

　味醂……1/4杯

做法

1　將基本材料放入攪拌碗中，徹底攪拌至出現黏性。

2　牛蒡切成5cm長，放入水中煮至變得柔軟。用撈網撈起，以竹籤在牛蒡芯的周圍穿刺一圈，取出牛蒡芯。用手指在穿好洞的內側抹上太白粉，填入適量的做法1絞肉。

3　蒟蒻切成三角形，放入滾水中燙過。

4　將A放入鍋中，再放入做法2、挖出來的牛蒡芯、做法3、去殼的水煮蛋，開火煮滾後轉小火，蓋上鍋蓋再燉煮15分鐘，關火，直接放置冷卻等待入味。

5　將做法4裝入容器中，可以的話撒些花椒葉。

以竹籤像描畫一樣沿著牛蒡芯穿刺一圈，再按壓一下，拔出芯。

 POINT!

風味濃厚的牛蒡再搭配雞絞肉的香味，是一道味道平衡的燉煮。

山苦瓜鑲肉

材料（2人份）

基本材料

參考P171的蓮藕鑲肉……同量

山苦瓜……1條

太白粉……適量

沙拉油……1大匙

A

　酒……2大匙

　醬油……2大匙

　味醂……2大匙

鹽、粗黑胡椒粉……各少許

做法

1　將基本材料放入攪拌碗中，徹底攪拌至
　　出現黏性。

2　山苦瓜直向對半切開，去籽和內膜，放
　　入加鹽的滾水中汆燙。以廚房紙巾將水
　　分擦乾，在內裡抹上薄薄的太白粉。

3　將做法1的絞肉確實填入做法2的山苦瓜
　　中。

4　平底鍋中放油加熱，將做法3的絞肉面
　　朝下放入，以中火煎烤至出現焦痕後翻
　　面，轉小火煎苦瓜面約10分鐘。等到整
　　體都煎熟後，加入混合好的**A**翻炒。

5　切成一口大小，盛盤，撒上黑胡椒粉。

在山苦瓜挖空的內裡，全部紮實地填入絞肉內餡。正中央要填到微微隆起。另外，山苦瓜和絞肉間的縫隙可以用飯匙塗過，讓兩者成為一體。

💡 POINT!

山苦瓜的苦味和絞肉的甜味，會被照燒的味道所融合。

番茄鑲肉
起司燒

材料（2人份）

基本材料

參考P171的蓮藕鑲肉……同量

番茄……4顆

太白粉……適量

起司片……50g

粗黑胡椒粉……少許

做法

1　將基本材料放入攪拌碗中，徹底攪拌至出現黏性。

2　番茄去蒂頭，將上方小部分切除後，中間挖空。內裡抹上薄薄的太白粉，填入1/8量的做法1絞肉。接著放入1/8量的起司，再一次填入1/4量的做法1絞肉。剩下的3顆番茄也是相同做法。

3　將做法2放入200°C的烤箱烤約20分鐘。將剩下的起司分成4等份，各自放上番茄後續烤5分鐘，最後撒上黑胡椒。

絞肉加熱後會縮小，因此要確實且紮實地填充進去。

 POINT!

· 在多汁的番茄裡，有著柔嫩可口的絞肉以及入口即化的起司層！

· 番茄挖出來的內裡可以做成醬料，或加入料理中燉煮。

材料（2人份）

基本材料

參考P171的蓮藕鑲肉⋯⋯同量
8片裝的吐司⋯⋯4片
太白粉⋯⋯適量
油⋯⋯適量

A

：檸檬（切成半月形）⋯⋯1/4顆
：番茄醬⋯⋯少許

做法

1 將基本材料放入攪拌碗中，徹底攪拌。

2 吐司切去吐司邊，在其中一面輕輕撒上太白粉。

3 在做法2撒上太白粉的那面放上適量的絞肉。絞肉要均勻推到吐司的每一邊，正中央比較難煮熟，因此要薄一點。在堆了絞肉的那一面，再放一片吐司夾起來。以同樣方式，再製作吐司夾肉1份。

4 將做法3放入耐熱容器中，輕輕覆蓋保鮮膜，放入已預熱好的蒸籠中蒸約5分鐘。

5 將做法4輕輕放進170°C的油中炸2～3分鐘，直到兩面變得脆硬且呈金褐色。以廚房紙巾夾住吐司兩面，確實將油吸乾。

6 切成一口大小盛盤，配上**A**即可。

＊可以在蒸熟後以保鮮膜確實包裹，放進夾鏈保鮮袋冷凍保存。要吃時再拿出來炸就可以了！

炸吐司夾肉

POINT!

每一口咬下去都會在口中瀰漫開來，溫和甜美的絞肉與酥脆麵包的風味！

和風高麗菜捲

材料（2人份）

雞絞肉……300g

A

｜打散的蛋液……1/2顆份
｜醬油……1大匙
｜砂糖……1大匙
｜太白粉……1大匙
｜長蔥（切碎）……1/3根
｜蘘荷（切碎）……1個
｜日本大葉（切碎）……5片

高麗菜葉……4片

B

｜高湯……4杯
｜淡醬油……2大匙
｜味醂……2大匙

太白粉水……2大匙

蔥白絲……適量

芥末醬……少許

做法

1　將絞肉和**A**放入攪拌碗中，攪拌均勻讓空氣進入肉中，直到肉出現黏性後分成4等份，輕輕捏成丸形。

2　高麗菜葉放入滾水中汆燙。以廚房紙巾擦去水分後攤開，將做法1的1/4量放在靠近自己的位置。高麗菜葉從靠近自己的方向摺一邊後，將兩側往中間摺，接著向前捲起來。剩下3個也是相同做法。

3　將做法2的高麗菜捲放入鍋中，加入**B**後開中火。煮滾後轉小火，蓋上內蓋再煮15分鐘。

4　從鍋中取出高麗菜捲，盛盤。剩下的煮汁再次煮滾後，加入太白粉水勾芡，淋在高麗菜捲上，放上蔥白絲，如果有花椒葉可放上，再配上芥末醬就可以了。

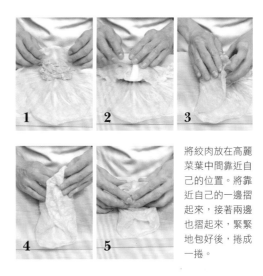

將絞肉放在高麗菜葉中間靠近自己的位置。將靠近自己的一邊摺起來，接著兩邊也摺起來，緊緊地包好後，捲成一捲。

 POINT!

以高湯和淡醬油煮成的清爽高麗菜捲。加入絞肉中的長蔥、蘘荷、日本大葉散發出各自的味道，再沾取芥末醬食用。

《炒、燉煮》
茄子炒絞肉

確實煎出焦痕後再打散，
充滿肉香的炒絞肉，
與各式各樣柔嫩絞肉口感
所生成的菜餚。

材料（2人份）
雞絞肉……100g
茄子（切成1cm厚的圓片）……2條
沙拉油……2大匙
A
┌ 酒……2大匙
│ 醬油……1.5大匙
│ 味醂……1大匙
└ 砂糖……1小匙
嫩蔥（切成細珠）……適量
辣椒粉……少許

做法
1 平底鍋中放油加熱，以中火煎茄子
　至兩面出現焦痕且全熟後取出。
2 在做法1的平底鍋中散著放入絞肉。
　剛開始不要打散它，直到兩面都煎
　出焦痕後再打散，快速翻炒。
3 將做法1的茄子放回做法2的鍋中，
　加入**A**翻炒至汁水都收乾吸附在材
　料上。
4 盛盤，撒上蔥花和辣椒粉。

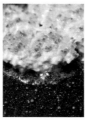

首先將絞肉攤開，直接煎到出現焦痕。
接著以飯匙將絞肉打散，不要散得太
碎，保留一點肉的口感。

小芋頭燉絞肉

第
4
章

雞
絞
肉

《
炒
、
燉
煮
》

材料（2人份）

雞絞肉……100g
小芋頭……6顆
A
　：高湯……3杯
　：醬油……2大匙
　：味醂……2大匙
　：砂糖……1大匙
太白粉水……2大匙
山芹菜（切成細珠）……適量

做法

1　小芋頭去皮，如果很大顆就切成一口大
　　小。將小芋頭放入鍋中，倒入剛好淹過
　　芋頭的水量，開火沸騰後轉小火，再煮5
　　分鐘。取出後用水沖洗，沖去黏液。

2　將**A**和晾乾水分的做法1放入鍋中，開火
　　煮滾後轉小火，煮至小芋頭變得鬆軟。

3　另取一鍋，放入做法2一半的煮汁，加入
　　絞肉，一邊煮一邊攪散。撈去浮沫。絞
　　肉全熟後加入太白粉水勾芡。

4　將做法2盛盤，淋上做法3並撒上山芹菜
　　就完成了。

 POINT!
鬆軟的水煮小芋頭，搭上柔嫩可口的絞肉醬汁。

1
8
2

味噌絞肉醬
拌蘿蔔

材料（2人份）

雞絞肉⋯⋯100g

白蘿蔔（大）⋯⋯1/3根（約400g）

A

  水⋯⋯5杯

  高湯用的昆布⋯⋯5cm方形1片

  淡醬油⋯⋯2大匙

  味醂⋯⋯2大匙

B

  味噌⋯⋯2大匙

  砂糖⋯⋯2大匙

太白粉水⋯⋯1大匙

嫩蔥（切成細珠）⋯⋯適量

柚子皮（切碎）⋯⋯適量

做法

1 白蘿蔔去皮，切成2cm厚的圓片，再對半切開。將白蘿蔔放入鍋中，加入剛好淹過蘿蔔的水量，開火煮到白蘿蔔軟爛可以輕鬆刺穿。

2 另取一鍋，放入去乾水分的白蘿蔔和**A**，開火煮約20分鐘，直接放置冷卻。

3 取小鍋，先放入做法2的煮汁1杯量，再放入絞肉，一邊攪散一邊煮熟，撈去浮沫，倒入**B**調味，再加太白粉水勾芡。

4 將做法2盛盤，淋上做法3的醬汁，再撒上蔥花和柚子皮。

在煮汁中放入絞肉並以飯匙壓碎，讓攪肉散開變得細碎，做出柔滑順口的醬汁。

 POINT!

首先將白蘿蔔煮熟，再用煮白蘿蔔的煮汁做成醬汁，讓味道整體統一。

羊栖菜炒絞肉

白蘿蔔乾炒絞肉

材料（方便製作的份量）

雞絞肉……100g

羊栖菜（乾燥）……30g

紅蘿蔔（切成稍粗的細絲）……30g

油豆腐皮（切成細絲）……1片

芝麻油……2大匙

A

：水……1.5杯

：醬油……2大匙

：砂糖……1.5大匙

做法

1 羊栖菜用溫水泡約30分鐘，
讓它漲發。換水後，再放置
30分鐘讓水分晾乾。

2 平底鍋中放入芝麻油加熱，
炒做法1的羊栖菜。等到油
均勻布滿羊栖菜後，放入絞
肉、紅蘿蔔絲、油豆腐皮，
一邊攪拌一邊均勻翻炒。

3 加入A，開大火炒到汁水全
部收乾。放入密閉容器，可
在冰箱保存5天。

材料（方便製作的份量）

雞絞肉……100g

蘿蔔乾絲……60g

沙拉油……1大匙

A

：香菇（切成薄片）……2片

：四季豆……10根

：（切成3等份的長度）

B

：水……1.5杯

：醬油……1.5杯

：味醂……1.5杯

：砂糖……1小匙

第4章 雞絞肉 《炒、燉煮》

牛蒡片炒絞肉

做法

1　以大量的水清洗蘿蔔乾絲，將上面的汙垢洗掉，接著泡在水中20分鐘漲發，再將水確實擰乾。

2　平底鍋中放油加熱，放入絞肉炒至全熟、鬆鬆地散開，加入做法1和**A**一起翻炒。等油平均沾在所有材料後，加入**B**續炒至汁水收乾。放入密閉容器，可在冰箱保存5天。

材料（方便製作的份量）

雞絞肉……100g

A

牛蒡（削成片）……100g
紅蘿蔔……50g
（切成稍粗的細絲）
蓮藕……50g
（切成薄的半月形）
芝麻油……1大匙

B

酒……3大匙
醬油……2大匙
砂糖……1大匙
白芝麻……1大匙
辣椒粉……少許

做法

1　平底鍋放入芝麻油加熱，放入絞肉炒至全熟、鬆鬆地散開，加入**A**續炒到變軟。

2　將**B**加入做法1中，翻炒到汁水收乾，再撒上白芝麻和辣椒粉就完成了。放入密閉容器，可在冰箱保存5天。

 POINT!
事先做好備用，是非常方便的絞肉常備菜，我的BEST 3。

材料（2人份）

雞絞肉……100g

蕪菁（中）……3顆

（去皮，切成四瓣）

蕪菁葉（切成細珠）……適量

沙拉油……1大匙

A

酒……2大匙

醬油……1.5大匙

味醂……1大匙

砂糖……1小匙

粗黑胡椒粉……少許

做法

1 平底鍋中放油加熱，炒蕪菁至兩面都出現焦痕時取出。

2 在做法1的平底鍋中散著放入絞肉。一開始不要動它，等到兩面煎出焦痕後打散，接著翻炒。過程中加入蕪菁葉，一起翻炒。

3 將做法1的蕪菁放回做法2的鍋中，加入**A**翻炒至汁水收乾。

4 盛盤，撒上黑胡椒即可。

蕪菁炒絞肉

 POINT!

煎出焦痕的蕪菁和炒得香噴噴的絞肉，非常下飯。

澤庵醃菜炒絞肉

材料（方便製作的份量）
雞絞肉⋯⋯100g
澤庵醃菜⋯⋯150g
（切成0.5cm的半月形）
沙拉油⋯⋯1大匙
A
⋮酒⋯⋯1大匙
⋮醬油⋯⋯1大匙
⋮味醂⋯⋯1大匙
白芝麻⋯⋯適量
辣椒粉⋯⋯少許

做法
1 平底鍋中放油加熱，炒澤庵醃
　菜。等油平均沾滿醃菜後，將
　絞肉散散地放入鍋中。一開始
　不要動它，等到兩面煎出焦痕
　後打散，接著翻炒。
2 將**A**加入做法1中，炒到汁水
　收乾。
3 盛盤，撒上白芝麻和辣椒粉就
　完成了。

豆苗炒絞肉

材料（方便製作的份量）
雞絞肉⋯⋯100g
豆苗（切成5cm長）⋯⋯2包
蒜頭（切成薄片）⋯⋯1瓣
沙拉油⋯⋯1大匙
A
⋮酒⋯⋯2大匙
⋮醬油⋯⋯1.5大匙
⋮味醂⋯⋯1大匙
⋮砂糖⋯⋯1小匙
粗黑胡椒粉⋯⋯少許

做法
1 平底鍋中放油加熱，將絞肉散
　散地放入鍋中。一開始不要動
　它，等到兩面煎出焦痕後打
　散，接著翻炒。
2 將豆苗和蒜片加入做法1中，
　翻炒至豆苗呈現鮮綠色且變
　軟，加入**A**續炒至汁水收乾。
3 盛盤，撒上黑胡椒。

💡 *POINT!*

澤庵醃菜的美味會沾染到絞肉上，深深入味。蒜瓣豆苗搭配雞絞肉，讓營養價值大為提升。

雞絞肉白麻婆豆腐

材料（2人份）

雞絞肉……100g

長蔥（切碎）……1/2根

沙拉油……1大匙

鹽……少許

A

　高湯……1/2杯

　淡醬油……2大匙

　味醂……1.5大匙

　柚子醬油……1/2小匙

木棉豆腐（切成2cm方形）……300g

太白粉水……2大匙

山芹菜（大致切段）……適量

做法

1　平底鍋中放油加熱，放入絞肉和長蔥後撒鹽翻炒至肉變白全熟，加入**A**煮一下。

2　豆腐放入滾水中汆燙。

3　將做法2的豆腐加入做法1中，再加入太白粉水勾芡。

4　盛盤，撒上山芹菜即可。

 POINT!

好想吃麻婆豆腐！但又不想那麼刺激的時候，就吃這道料理吧！

材料

雞絞肉……200g

A

　高湯……2杯

　醬油……2大匙

　味醂……2大匙

　砂糖……1小匙

香菇（切碎）……2片

薑（切碎）……約拇指第一節長

嫩蔥（切成細珠）……5根

吉利丁片（用水泡軟）……3片（約4.5g）

做法

1　準備一個15.5X13.5X高4.5cm的模型。

2　將絞肉、**A**、香菇、薑放入鍋中，一邊煮一邊將絞肉攪散，撈去浮沫。等肉全熟後關火，加入吉利丁片煮至融化。

3　加入蔥花，快速混合後將材料裝入模型中，放進冰箱冷藏凝固。

4　切成一口大小，盛盤。放在熱騰騰的白飯上。

絞肉肉凍

POINT!

肉凍放到熱騰騰的白飯上，吃起來極致美味！

鹽味雞肉燥

醬油味雞肉燥

材料（方便製作的份量）
雞絞肉……200g
洋蔥（切碎）……1/2顆
沙拉油……1大匙
A
　酒……2大匙
　砂糖……2大匙
　醬油……3大匙

做法
1　平底鍋中放油加熱，炒洋蔥至變軟且飄
　　出香氣，再加入絞肉，一邊翻炒一邊將
　　絞肉散開。
2　等絞肉完全散開且全熟後，加入**A**繼續炒
　　到汁水收乾。

鹽味雞肉燥

材料（方便製作的份量）
雞絞肉……200g
長蔥（切碎）……1根
芝麻油……1大匙
A
　鹽、黑胡椒粉……各1/2小匙
　味醂……1大匙

做法
1　平底鍋中放入芝麻油加熱，炒蔥至變軟
　　且飄出香氣後，加入絞肉，一邊翻炒一
　　邊將絞肉散開。
2　等絞肉完全散開且全熟後，加入**A**繼續炒
　　到汁水收乾。

💡 *POINT!*

• 事先做好備用會非常便利的兩種肉燥。醬油味搭配洋蔥、鹽味搭配長蔥，這是我的固定做法。
• 醬油味和鹽味的雞肉燥，放入密閉容器中可在冰箱保存5天。

雞肉燥的使用方法

光是加上去、
拌進去就可以完成，
創造出各色
令人感動的料理。

鹽味雞肉燥
馬鈴薯沙拉

材料（2〜3人份）

烏龍麵（生麵）……2團
醬油味雞肉燥（P190）……100g
A
：酒……2大匙
：蠔油……1大匙
青椒……2顆
香菇……2片
豆芽菜……50g
沙拉油……1大匙
辣椒粉……少許

做法

1　青椒切去蒂頭並去籽後切成細絲，香菇
切去蒂頭後切成薄片。雞肉燥和A混合。

2　平底鍋中放油加熱，放入青椒、香菇、
豆芽菜翻炒至蔬菜變軟，再加入烏龍麵
拌炒。等到烏龍麵完全散開後，加入做
法1的雞肉燥，繼續翻炒。

3　盛盤，撒上辣椒粉即可。

材料（2〜3人份）

鹽味雞肉燥（P190）……100g
馬鈴薯……2顆
小黃瓜……1根
鹽、黑胡椒粉……各適量
A
：美乃滋……2大匙
：砂糖……1小匙
：醋……1小匙

做法

1　鍋中放入徹底洗淨的帶皮馬鈴薯，加入淹
過馬鈴薯的水量，放入少許鹽，開火煮至
沸騰後轉小火，續煮到馬鈴薯可讓竹籤輕
鬆穿過的鬆軟。去皮，切成一口大小。

2　小黃瓜切成薄片後加入少許鹽搓揉。將生
出來的水徹底絞乾。

3　將做法1、2放入攪拌碗中，放入雞肉燥、
A，大致混合均勻。盛盤後撒上胡椒粉即
完成。

雞肉燥炒烏龍
醬油味

醬油味雞肉燥冷盤

材料（2人份）
醬油味雞肉燥（P190）……100g
水煮蛋……1顆
番茄……1/2顆
蘿蔔嬰……1/3包
絹豆腐……300g
A
:醬油……1/2大匙
:醋……1大匙
:沙拉油……2大匙
白芝麻……少許

做法
1 水煮蛋剝殼，大致切碎。番茄切去蒂頭後，切成1cm的小方型。蘿蔔嬰切去根部。
2 豆腐擦去水分後切成一半，放入容器中。放上雞絞肉、水煮蛋、番茄、蘿蔔嬰繽紛盛盤。最後淋上混合好的**A**，再撒上白芝麻即可。

鹽味雞肉燥綜合天婦羅

材料（2～3人份）
鹽味雞肉燥（P190）……100g
山芹菜……1/3把
紅蘿蔔……1/3根
蓮藕……100g
低筋麵粉……50g
打散的蛋液……1顆份
水……2大匙
油……適量

做法
1 山芹菜切成3cm長度。紅蘿蔔切成絲，蓮藕切成薄片後再切成銀杏形。
2 將做法1和雞肉燥放入攪拌碗中混合，加入一半的低筋麵粉後繼續混合均勻。加入打散的蛋液和水攪拌，視情況加入剩下的低筋麵粉（舀起落下、放入油中可以維持一定程度的凝結，帶有一點黏性的程度）。
3 將做法2的材料以飯匙等工具舀起來，一邊整理形狀後放入170°C的油中，炸約3～4分鐘至外表變硬且呈金褐色之前不要翻動它。
4 盛盤，加上對半切開的金桔。

牛蒡雞肉燥

材料（方便製作的份量）

雞絞肉……200g

A

: 酒……1/2杯

: 砂糖……1杯再多一點

: 味噌……1杯

: 蛋黃……3顆份

牛蒡……2/3根

沙拉油……1大匙

白芝麻……3大匙

做法

1 將**A**放進攪拌碗中，混合均勻。牛蒡徹底洗乾淨，切碎。

2 平底鍋中放油加熱，炒牛蒡。等到牛蒡全部沾滿油後，加入絞肉，邊炒邊讓絞肉散開。

3 炒到牛蒡全熟、絞肉也全部散開後加入**A**。轉小火再炒5分鐘，同時以木杓一邊攪動避免燒焦。等到肉稍微膨起來，比原來還要柔軟時即可關火。

4 加入芝麻混合均勻，放置稍微冷卻後放入密閉容器中，可在冰箱保存1星期。

 POINT!

切成碎丁的牛蒡口感，與絞肉的彈力韻律感，讓這道菜成為美味的常備菜餚。

酪梨雞肉燥

材料（2～3人份）
雞肉燥（參考P194）……50g
酪梨……1顆
奶油……20g
嫩蔥（切成細珠）……適量
黑胡椒粉……少許

做法
1　酪梨去皮取出種子，切成一口大小。
2　平底鍋中放入奶油，加熱至融化後加入做法1的酪梨，煎到出現焦痕後，加入雞肉燥繼續翻炒。
3　盛盤，撒上蔥花就完成了。

雞肉燥烤飯糰

材料（2～3人份）
雞肉燥（參考P194）……50g
溫熱的白飯……2碗
青紫蘇（切成細絲）……5片

做法
1　青紫蘇和白飯混合。
2　將白飯捏成飯糰，表面塗上雞肉燥。
3　放入烤箱，烤到肉燥的那一面出現焦痕。

 POINT!
只要有雞肉燥，再將酪梨稍微炒一下就是一道料理；塗在飯糰上就能做出奢華版的飯糰。

《Special》
和風乾咖哩

因為是雞絞肉，
無論是乾咖哩、炸肉餅、
漢堡排或是肉丸子，
都能夠做出高雅的味道。

材料（2～3人份）
雞絞肉……200g
A
　洋蔥（切碎）……1/2顆
　紅蘿蔔（切碎）……50g
　青椒（切碎）……2顆
　西洋芹菜（切碎）……50g
鹽……3指抓1小撮
沙拉油……1大匙

B
　酒……2大匙
　砂糖……1大匙
　醬油……1大匙
　味噌……1大匙
　咖哩粉……1.5大匙
　山椒粉……少許
白飯……3碗
嫩蔥（切成細珠）……適量

做法
1　在**A**裡撒入鹽。
2　平底鍋中放油加熱，炒做法1的材料至飄出香味且變軟後，加入絞肉，邊拌炒邊讓絞肉散開。
3　等到絞肉散開且全熟後，加入**B**一起翻炒。
4　白飯各自盛盤，放上做法3，在撒上蔥花，可加點福神醃菜。

 POINT!
美味的祕訣，就在於切成碎丁的蔬菜香味和咖哩粉與山椒粉。

和風炸肉餅

材料（2～3人份）

雞絞肉……300g

A

：長蔥（切碎）……1/3根
：蘘荷（切碎）……1個
：青紫蘇（切碎）……5片

B

：打散的蛋液……1/2顆份
：砂糖……1大匙
：醬油……1大匙
：太白粉……1大匙

黑胡椒粉……1/2小匙

打散的蛋液……1/2顆份
低筋麵粉、麵包粉……各適量
油……適量
高麗菜（切成細絲）……適量

做法

1 將絞肉、**A**、**B**放入攪拌碗中，徹底揉捏混合到肉出現黏性。

2 將做法1分成2～3等份並整理成扁橢圓形，每一個都依序沾裹低筋麵粉、打散的蛋液、麵包粉。

3 將做法2放入160°C的油中炸約5～6分鐘，直到表面變脆硬且呈現金褐色即可。從鍋中取出，再次放入170°C的油中續炸2分鐘。

4 和高麗菜絲一起盛盤。可以的話，放上芥末醬和檸檬，依個人喜好撒上鹽或搭配醬料一起享用。

 POINT!

加入大量長蔥、蘘荷和青紫蘇這類味道較重的蔬菜，是相當清爽的一道料理。

照燒漢堡排

材料（2人份）

雞絞肉……300g

洋蔥泥……300g

A

　打散的蛋液……1/2顆份

　醬油……1大匙

　砂糖……1大匙

　太白粉……1大匙

沙拉油……1大匙

B

　酒……1/4杯

　味醂……1/4杯

　醬油……1+1/3大匙

白蘿蔔泥……適量

做法

1　以紗布將洋蔥泥包起來，絞乾水分。

2　將做法1、絞肉和**A**放入攪拌碗中，混合攪拌至出現黏性。手塗上少許的油（材料份量外），取一半的材料整成較鼓的扁橢圓形。剩下的另一半也一樣。

3　平底鍋中放油加熱，以小火煎做法2的肉排。單面煎4～5分鐘，翻面後蓋上鍋蓋一樣煎4～5分鐘讓中間熟透。轉中火將兩面煎出焦痕。

4　以廚房紙巾將做法3多餘的油脂擦掉，加入**B**燉煮入味。

5　將做法4盛盤，放上白蘿蔔泥，也可放些西洋菜。

 POINT!

因為是雞絞肉，在多汁的同時還保有清爽風味。柔軟的口感讓人想嚐一嚐！

甜醋醬肉丸子

材料（2～3人份）

雞絞肉……300g

洋蔥泥……300g

A

　打散的蛋液……1/2顆份

　醬油……1大匙

　砂糖……1大匙

　太白粉……1大匙

油……適量

B

　高湯……1.5杯

　味醂……2大匙

　醬油……1.5大匙

　番茄醬……1.5大匙

　醋……1大匙

太白粉水……適量

做法

1　以紗布將洋蔥泥包起來，絞乾水分。

2　將做法1、絞肉和**A**放入攪拌碗中，徹底攪拌至出現黏性。

3　將做法2以湯匙整成一口大小的丸子，放入160°C的油中炸3～4分鐘。

4　將**B**混合後放入鍋中，煮至稍滾即關火。加入太白粉水勾芡，再加入做法3煮約2～3分鐘。

5　盛盤，有的話可以搭配撕成方便食用大小的萵苣葉。

 POINT!

裸炸而保留完整風味的肉丸子，再搭配上滿滿的甜醋醬。

材料（2～3人份）

雞絞肉……100g

地瓜（帶皮一起切成1cm的小丁）……150g

米……2米杯

A

　水……1.5杯

　酒……2大匙

　淡醬油……2大匙

　高湯用的昆布……5cm方形1片

白芝麻……少許

做法

1　絞肉以滾水汆燙，用撈網撈起。米洗過後，也用撈網撈起。

2　將做法1、地瓜和**A**放入電鍋中，配合電鍋的使用標準調整水量，炊煮。煮好後撒上白芝麻。

肉燥地瓜炊飯

 POINT!

地瓜的鬆軟配上絞肉的多汁，是一碗適合秋天享用的炊飯。

材料（2人份）
雞絞肉……100g
A
　酒……1大匙
　砂糖……1大匙
　醬油……2大匙
雞蛋……3顆
山芹菜（切碎）……5根
水……2大匙
沙拉油……1大匙
白蘿蔔泥……適量
醬油……適量

做法

1　平底鍋中不要放油，直接放入絞肉炒至變白，再加入**A**拌炒到汁水快收乾。

2　雞蛋打進攪拌碗中，加入做法1、山芹菜和材料中的水混合均勻。

3　將玉子燒煎鍋加熱，放入一半量的油讓其佈滿鍋中。倒入1/3量的做法2，薄薄地流滿煎鍋。煎到邊緣乾脆時，從較遠的一端朝自己的方向，用筷子把蛋皮對折。煎鍋空出來的位置再倒入部分的油佈滿鍋底，將剩下的蛋液倒入一半（也要流到煎好的蛋皮下面）。當邊緣再次煎到乾脆時，這次從靠近自己的一端向另一方折起蛋皮。最後倒入剩下的所有蛋液，從較遠的一端折過來。

4　切成方便食用的大小盛盤，配上淋了醬油的白蘿蔔泥。

POINT!
充滿味道的絞肉美味，浸透在雞蛋中。

白味噌肉醬 京風

材料（2人份）

雞絞肉……200g
水煮竹筍（切成1cm方塊）……100g
洋蔥（切碎）……1/4顆
沙拉油……2大匙
鹽、粗黑胡椒粉……各適量
白酒……1/2杯
A
└ 白味噌……80g
└ 酒……1大匙
└ 醬油……1大匙
山椒粉……適量
義大利麵……160g
奶油……10g

做法

1　平底鍋中放油加熱，放入竹筍和洋
蔥，撒上少許鹽拌炒。當洋蔥變透明
且飄出香味後，加入絞肉炒至出現焦
痕再撒鹽、黑胡椒。

2　將白酒加入做法1中，煮滾後加入
A，再次煮滾後轉小火再煮20分鐘。
以鹽調味，撒上山椒粉。

3　義大利麵依包裝指示的時間煮熟，以
撈網撈起後拌奶油。

4　將做法3盛盤後淋上做法2，如果有的
話可配上花椒葉。

將雞翅浸入於平底
盤裡調和的蔥味
噌醬裡，讓蔥均勻
地沾在雞翅上，使
雞翅全部入味。

POINT!

雞絞肉＋白味噌＋奶油醬油，組成明快又華麗的肉醬。

材料（2人份）

雞絞肉……200g

洋蔥（切碎）……1/2顆

沙拉油……2大匙

鹽、黑胡椒粉……各適量

番茄（大致切碎）……2顆

梅子乾……3顆

（梅肉用菜刀切碎）

A

酒……2大匙

淡醬油……2大匙

味醂……2大匙

日本大葉（切小段）……10片

蘘荷（切薄片）……2個

義大利麵……160g

日本大葉（切細絲）……適量

做法

1 平底鍋中放油加熱，放入洋蔥、撒少許鹽拌炒至洋蔥變透明後加絞肉，續炒到出現焦痕，撒上鹽、黑胡椒粉。

2 將番茄、梅子乾和**A**加入做法1，煮滾後轉小火續炒10分鐘。大致散熱後，加入切成小段的日本大葉和蘘荷。

3 義大利麵依包裝指示的時間煮熟，放入冰水中徹底冷卻後，以撈網撈起將水甩乾。

4 將做法3和做法2混合後盛盤，放上切成細絲的日本大葉。

 POINT!

雞絞肉＋梅子紫蘇的冷肉醬，最適合食慾不振的夏日。

index
（依料理方法分類）

「　父親是個沉默寡言的人，但他為我留下了雞肉料理的祕訣筆記。　」